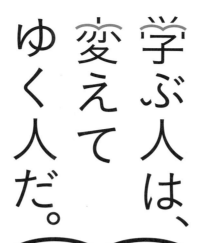

JN040981

学ぶ人は、
変えて
ゆく人だ。

目の前にある問題はもちろん、

人生の問いや、社会の課題を自ら見つけ、

挑み続けるために、人は学ぶ。

「学び」で、少しずつ世界は変えてゆける。

いつでも、どこでも、誰でも、

学ぶことができる世の中へ。

旺文社

このドリルの特長と使い方

このドリルは，「苦手をつくらない」ことを目的としたドリルです。単元ごとに「問題の解き方を理解するページ」と「くりかえし練習するページ」をもうけて，段階的に問題の解き方を学ぶことができます。

①

問題の解き方を理解する
ページです。問題の解き方のヒントが載っていますので，これにそって問題の解き方を学習しましょう。
大事な用語は ！覚えよう！ として載せています。

② **練習**

「理解」で学習したことを身につけるために，くりかえし練習するページです。「理解」で学習したことを思い出しながら問題を解いていきましょう。

③ ◇チャレンジ◇　間違えやすい問題は，別に単元を設けています。こちらも「理解」→「練習」と段階をふんでいますので，重点的に学習することができます。

もくじ

編集／内山嘉子　　編集協力／有限会社マイプラン　橋爪洋介　　校正／山下聡　　装丁デザイン／株式会社ウエイド　木下春圭
装丁イラスト／オオノマサフミ　　本文デザイン／ハイ制作室　若林千秋　　本文イラスト／西村博子

算数名人への道!

ドリルが終わったら、番号のところに日付と点数を書いて、グラフをかこう。
80点を超えたら合格だ!まとめのページは全問正解で合格だよ!

	日付	点数	50点	合格ライン 80点	100点	合格チェック
例	4/2	90				○
1						
2						
3						
4						
5						
6						
7						
8						
9						
10						
11						
12						
13						
14						
15			全問正解で合格!			
16						
17						
18						
19						
20						
21						
22			全問正解で合格!			
23						

	日付	点数	50点	合格ライン 80点	100点	合格チェック
24						
25						
26						
27						
28						
29						
30						
31						
32						
33						
34						
35			全問正解で合格!			
36						
37						
38						
39						
40						
41						
42						
43						
44						
45						
46			全問正解で合格!			
47						

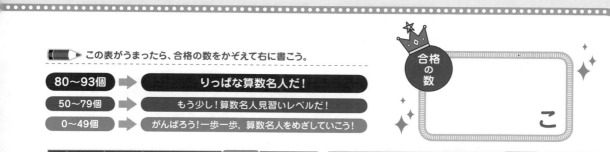

この表がうまったら、合格の数をかぞえて右に書こう。

80〜93個	➡	りっぱな算数名人だ！
50〜79個	➡	もう少し！算数名人見習いレベルだ！
0〜49個	➡	がんばろう！一歩一歩，算数名人をめざしていこう！

合格の数

こ

	日付	点数	50点	合格ライン 80点	100点	合格チェック
48						
49						
50						
51						
52						
53						
54						
55						
56						
57						
58						
59						
60						
61						
62						
63						
64						
65						
66						
67	全問正解で合格！					
68						
69						
70						
71						

	日付	点数	50点	合格ライン 80点	100点	合格チェック
72						
73						
74						
75						
76						
77						
78						
79						
80						
81						
82	全問正解で合格！					
83						
84						
85						
86						
87						
88						
89						
90						
91						
92						
93	全問正解で合格！					

1 大きい数
億，兆①

▶▶▶ 答えはべっさつ1ページ

点数

1問20点

点

1 次の数の読み方を漢字で書きましょう。

①
	一	千	百	十	一	千	百	十	一	千	百	十	一
	兆			億				万					
	2	4	5	8	0	5	0	0	0	0	0	0	0

② 40⎢3005⎢8000⎢0000　← 右から4けたごとに区切ると読みやすい。

兆　　　億　　　万

2 次の数を数字で書きましょう。

① 三十七億　← 1億を100000000と書く。

② 五百六十二兆　← 1兆を1000000000000と書く。

③ 九兆一千万　← 億はないので，億のつく位はぜんぶ0になる。

4

2 大きい数
億，兆①

▶▶▶ 答えはべっさつ1ページ

1 : 1問20点　2 : 1問10点

点

1 次の数の読み方を漢字で書きましょう。

① 26158000000

② 504070000000

③ 32607000000000

2 次の数を数字で書きましょう。

① 八十二億

② 五千二十三億八百万

③ 四百三兆

④ 六百五兆九千万

③ 大きい数
億，兆②

▶▶▶ 答えはべっさつ１ページ

点数

点

1問20点

1 次の数を数字で書きましょう。

① 10億を4こ，1億を2こあわせた数

└─ 十億の位に4，一億の位に2が入る。

② 1兆を7こ，100億を5こあわせた数

└─ 一兆の位に7，百億の位に5が入る。

③ 1億を83こ集めた数 ◀── 1億が80こで80億になる。

2 次の◯◯にあてはまる数を書きましょう。

① 2001800000000 は，1兆を ◯◯◯◯ ことと，

1億を ◯◯◯◯ こあわせた数です。 ◀── 一兆の位に2，十億の位に1，一億の位に8が入った数。

② 350000000 は，1000万を ◯◯◯◯ こ集めた数です。

└─ 1億は，1000万を10こ集めた数。

 **大きい数**
億，兆②

▶▶▶ 答えはべっさつ1ページ 点数

11問 15点　**2**1問 20点

点

1 次の数を数字で書きましょう。

① 10億を6こ，1億を8こあわせた数

② 1兆を9こ，1000億を2こ，1億を7こあわせた数

③ 1億を173こ集めた数

④ 1兆を25こ集めた数

2 次の◻にあてはまる数を書きましょう。

① 22094100000000 は，1兆を ◻ こと，

1億を ◻ こあわせた数です。

② 590000000 は，1000万を ◻ こ集めた数です。

5 大きい数
億，兆③

▶▶▶ 答えはべっさつ1ページ

 点数

1問20点

点

1 次の数を書きましょう。

① 54億を10倍した数

┗ 10倍すると，各位の数字の位が1つずつ上がる。

② 3000万を10倍した数

┗ 10倍すると，各位の数字の位が1つずつ上がる。

③ 7800億を10倍した数

┗ 10倍すると，各位の数字の位が1つずつ上がる。

2 次の数を書きましょう。

① 20億を $\frac{1}{10}$ にした数

┗ $\frac{1}{10}$ にすると，各位の数字の位が1つずつ下がる。

② 5兆を $\frac{1}{10}$ にした数

┗ $\frac{1}{10}$ にすると，各位の数字の位が1つずつ下がる。

6 大きい数
億，兆③

▶▶▶ 答えはべっさつ1ページ

①〜④：1問10点　⑤〜⑧：1問15点

点

次の数を書きましょう。

① 9億を10倍した数

② 81億を10倍した数

③ 7000億を10倍した数

④ 5600万を10倍した数

⑤ 160億を $\frac{1}{10}$ にした数

⑥ 30兆を $\frac{1}{10}$ にした数

⑦ 4億を $\frac{1}{10}$ にした数

⑧ 67億を $\frac{1}{10}$ にした数

7 角の大きさ
角の大きさ①

 りかい

▶▶▶ 答えはべっさつ1ページ

1問25点

点数 ★

点

次の角度をはかりましょう。

①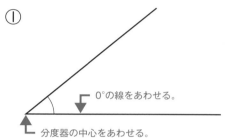

↙ 0°の線をあわせる。

↖ 分度器の中心をあわせる。

[　　　　] °

②

↙ 辺の長さが短いときは,
辺をのばしてはかる。

[　　　　] °

③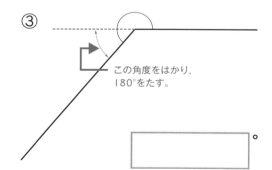

この角度をはかり,
180°をたす。

[　　　　] °

④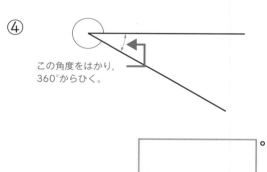

この角度をはかり,
360°からひく。

[　　　　] °

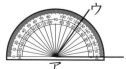 覚えよう

● 角度の単位→度(°), 直角は [　　　] °

● 角度のはかり方→① 分度器の中心を頂点 [　　] に,

　　　　0°の線を辺アイにあわせる。

　　ウ

　ア　イ　② 辺 [　　] 上のめもりをよむ。

▶▶▶ 答えはべっさつ 2 ページ

①～④：1問15点　⑤・⑥：1問20点

点数

点

次の角度をはかりましょう。

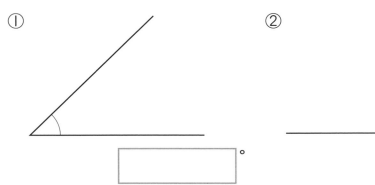

①

②

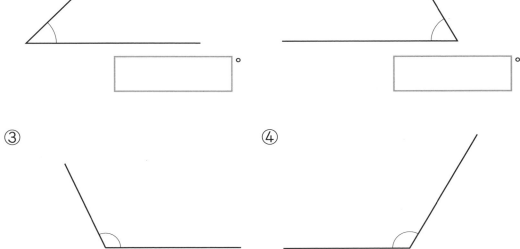

③

④

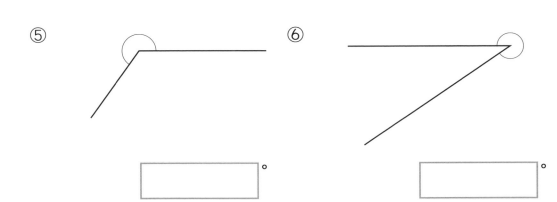

⑤

⑥

9 角の大きさ
角の大きさ②

▶▶▶ 答えはべっさつ2ページ

点数

1問25点

点

次の大きさの角をかきましょう。

①60°

②分度器の60°の
　めもりに点をう
　ち，直線をかく。

①頂点を分度器の中心に，
　直線を0°の線にあわせる。

②125°

②分度器の125°のめもりに点をうち，直線をかく。

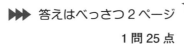

①この頂点に分度器の
　中心をあわせる。

③230°

①分度器は上下さかさまにして
あわせる。

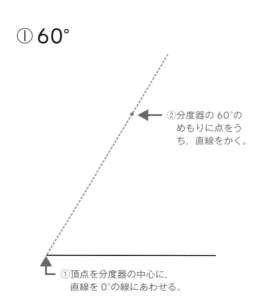

② 230°－180°＝50° より，
この角が50°になるように
点をうち，直線をかく。

④315°

①この頂点に分度器の中心をあわせる。

②この角は，360°－315°＝45°より，
45°になるように点をうち，
直線をかく。

10 角の大きさ
角の大きさ②

練習

▶▶▶ 答えはべっさつ２ページ

点数

点

①〜④：1問15点　⑤・⑥：1問20点

次の大きさの角をかきましょう。

① 75°

② 43°

_____

_____

③ 150°

④ 118°

_____

_____

⑤ 195°

⑥ 332°

_____

_____

11 角の大きさ
角の大きさ③

▶▶▶ 答えはべっさつ2ページ

点数

1問25点

点

次のような三角形をかきましょう。

① 1辺が4cm, 両はしの
角度が55°と70°の三角形

② 1辺が3cm, 両はしの角
度が120°と35°の三角形

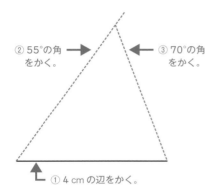

② 55°の角
をかく。

③ 70°の角
をかく。

① 4cmの辺をかく。

② 120°, 35°の
角をかく。

① 3cmの辺をかく。

③ 1辺が5cm, 両はしの
角度がどちらも60°の
三角形

④ 1辺が5cm, 両はしの角
度がどちらも50°の三角形

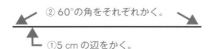

② 60°の角をそれぞれかく。

① 5cmの辺をかく。

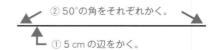

② 50°の角をそれぞれかく。

① 5cmの辺をかく。

12 角の大きさ
角の大きさ③

▶▶▶ 答えはべっさつ3ページ

点数

1問25点

点

次のような三角形をかきましょう。

① 1辺が5cm，両はしの
角度が75°と50°の三角形

② 1辺が4cm，両はしの角
度が100°と45°の三角形

_____ 　 _____

③ 1辺が3cm，両はしの
角度がどちらも70°の
三角形

④ 1辺が4cm，両はしの角
度がどちらも60°の三角形

_____ 　 _____

13 角の大きさ
角の大きさ④

りかい

▶▶▶ 答えはべっさつ3ページ 点数

1問25点

点

|組の三角じょうぎでつくった，次の角度を求めましょう。

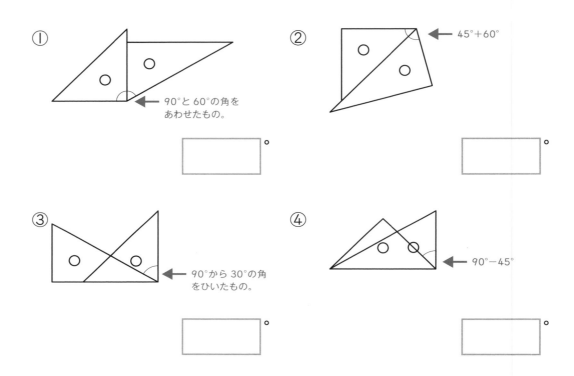

① ← 90°と60°の角を
あわせたもの。

② ← 45°+60°

③ ← 90°から30°の角
をひいたもの。

④ ← 90°−45°

!覚えよう!

● 三角じょうぎの角

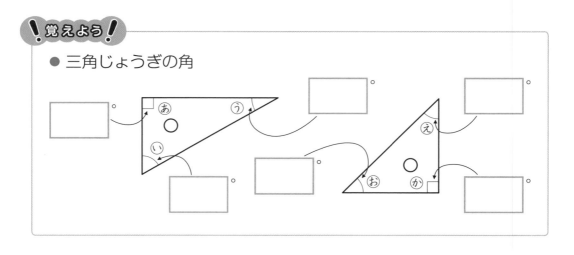

14 角の大きさ
角の大きさ④

▶▶▶ 答えはべっさつ 3 ページ

点数

点

①〜④：1問15点　⑤・⑥：1問20点

１組の三角じょうぎでつくった，次の角度を求めましょう。

①

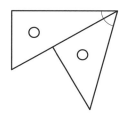

[　　　]°

②

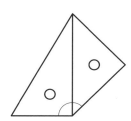

[　　　]°

③

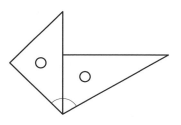

[　　　]°

④

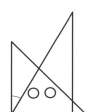

[　　　]°

⑤

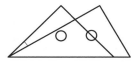

[　　　]°

⑥

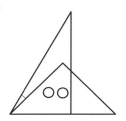

[　　　]°

15 角の大きさのまとめ
家を建てよう

▶▶▶ 答えはべっさつ3ページ

家を建てています。屋根をのせれば完成です。
ぴったり合う屋根を線でむすぼう。

16 垂直と平行
垂直

▶▶▶ 答えはべっさつ3ページ

点数　　　　　　点

1：50点　**2**：1問25点

1 下の図で，2本の直線が垂直なのはどれですか。すべて答えましょう。

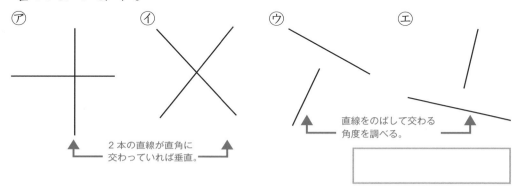

⑦　　　⑦　　　⑦　　　⑤

2本の直線が直角に
交わっていれば垂直。

直線をのばして交わる
角度を調べる。

2 点アを通って，直線イに垂直な直線をかきましょう。

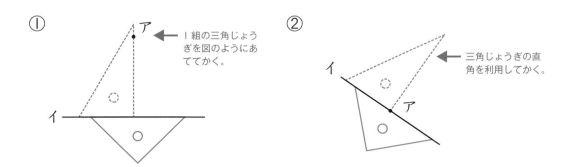

①
ア
1組の三角じょう
ぎを図のようにあ
ててかく。
イ
○

②
イ
三角じょうぎの直
角を利用してかく。
ア
○

！覚えよう！

● 2本の直線が交わってできる角が直角のとき，

　この2本の直線は　　　　　　であるといいます。

▶▶▶ 答えはべっさつ3ページ 点数

1問25点

点

1 下の図で，2本の直線が垂直なのはどれですか。すべて
答えましょう。

㋐ 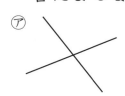　㋑ 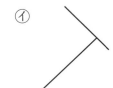　㋒ 　㋓

2 下の図で，直線アに垂直な直線はどれですか。すべて答
えましょう。

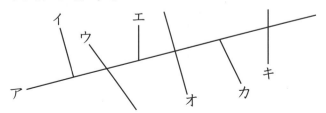

3 点アを通って，直線イに垂直な直線をかきましょう。

① 　②

18 垂直と平行
平行①

▶▶▶ 答えはべっさつ4ページ　★点数★

1：50点　**2**：1問25点

点

1 下の図で，2本の直線が平行なのはどれですか。すべて答えましょう。

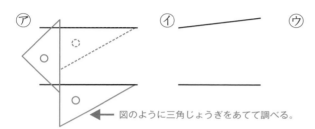

ア　イ　ウ　エ

←　図のように三角じょうぎをあてて調べる。

2 点アを通って，直線イに平行な直線をかきましょう。

①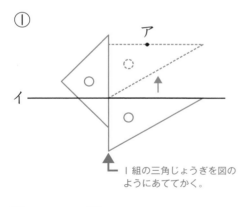

←　1組の三角じょうぎを図のようにあててかく。

②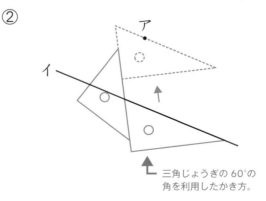

←　三角じょうぎの60°の角を利用したかき方。

!覚えよう!

● 1本の直線に垂直な2本の直線は [　　　] であるといいます。

19 垂直と平行
平行①

▶▶▶ 答えはべっさつ4ページ

1問25点

点数

点

1 下の図で，平行になっている直線はどれとどれですか。すべて答えましょう。

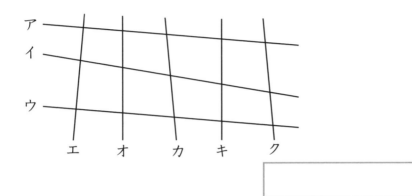

2 下の長方形で，平行になっている辺の組をすべて答えましょう。

3 点アを通って，直線イに平行な直線をかきましょう。

① 　　　　　・ア

② イ————————

・ア

垂直と平行
平行②

りかい

▶▶▶ 答えはべっさつ4ページ

点数

1問25点

点

下の図で，直線ア，イ，ウは平行です。

①あの角度は何度ですか。

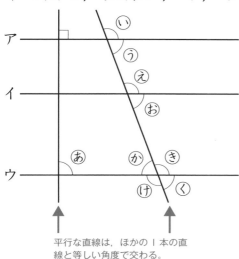

平行な直線は，ほかの1本の直線と等しい角度で交わる。

▢。

②いの角度と等しい角度の角はどれですか。う～けからすべて答えましょう。

③うの角度が70°のとき，き，くの角度はそれぞれ何度ですか。　◀── うの角度と等しい角は，おとくとか

き ▢。 ， く ▢。

!覚えよう!

● 平行な直線は，ほかの直線と ▢ 角度で交わります。

ア ────あ／い────

ウ／え

イ ──────────

アとイは平行。

左の図で，角あと大きさが等しい角は角う，角いと大きさが等しい角は角 ▢ です。

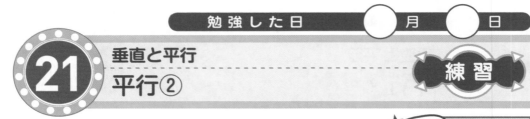

21　垂直と平行
平行②

練習

▶▶▶ 答えはべっさつ 4 ページ

点数

1 : 1問 10点　2 : 1問 20点

点

1 下の図で，直線アとイは平行です。あ，いの角度は何度ですか。

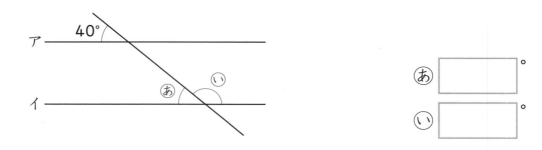

あ ⬜ °

い ⬜ °

2 下の図で，直線ア，イ，ウ，エは平行です。

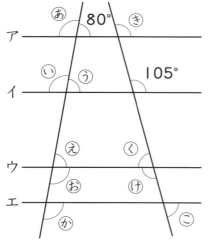

① あの角度と等しい角度の角はどれですか。い〜こからすべて答えましょう。

⬜

② え，く，けの角度は何度ですか。

え ⬜ °， く ⬜ °， け ⬜ °

垂直と平行のまとめ

22 ゴールはどこ

▶▶▶ 答えはべっさつ4ページ

あきらさんが行った場所はどこでしょう。
◯でかこもう。

家を出て，川に平行な道を歩いたよ。
川に垂直な橋をわたって，
2つめの垂直な曲がり角を左に曲がって
しばらく行くと，川に垂直な道になったよ。
そのまま歩いたら，着いたんだ。

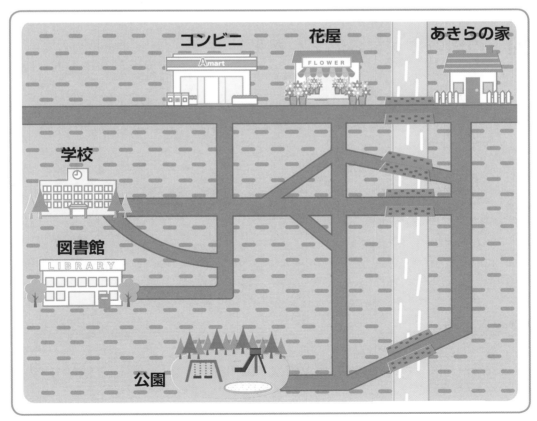

23 四角形
台形

▶▶▶ 答えはべっさつ5ページ

点数

1問50点

点

1 台形はどれですか。すべて答えましょう。

㋐　横の辺が平行。

㋑　平行な辺がない。

㋒

㋓　たての辺が平行。

2 下の図のような台形をかきましょう。

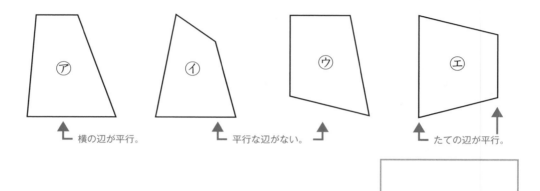

③3cmをはかる。

④平行な線は，三角じょうぎを使ってかく。

3cm

80°　　60°

4cm

80°，60°の角は，分度器を使ってかく。

② 80°の角をかく。

② 60°の角をかく。

① 4cmの辺をかく。

！覚えよう！

● 向かいあった1組の辺が平行な四角形を，　　　　　　といいます。

▶▶▶ 答えはべっさつ5ページ

1：20点　2：1問40点

点数 | 点

1 台形はどれですか。すべて答えましょう。

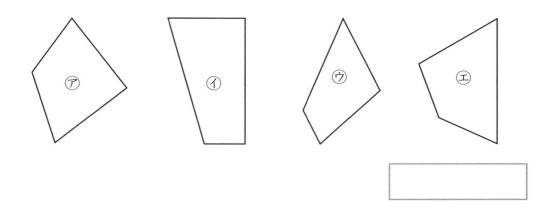

ア　イ　ウ　エ

2 下の図のような台形をかきましょう。

①

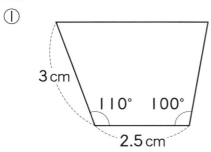

3cm　110°　100°　2.5cm

②

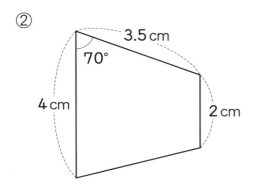

3.5cm　70°　4cm　2cm

四角形
平行四辺形①

りかい

▶▶▶ 答えはべっさつ5ページ

点数

点

1問20点

1 平行四辺形はどれですか。すべて答えましょう。

 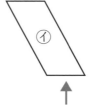 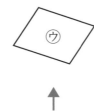 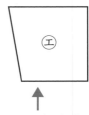

平行な辺はない。　　　　向かいあった2組の辺が平行。　　　1組の辺が平行。

2 下の図は平行四辺形です。

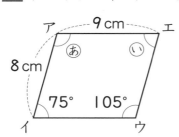

①辺イウ，辺ウエの長さはそれぞれ
何cmですか。◀ 向かいあった辺の長さは等しい。

辺イウ ◻ cm，辺ウエ ◻ cm

②あ，いの角度はそれぞれ何度ですか。

↑ 向かいあった角の大きさは等しい。

あ ◻ °，い ◻ °

！覚えよう！

● 平行四辺形の向かいあった ◻ の長さと ◻ の大きさ
は等しくなっています。

▶▶▶ 答えはべっさつ5ページ

点数

点

1：15点　**2**：1問17点

1 平行四辺形はどれですか。すべて答えましょう。

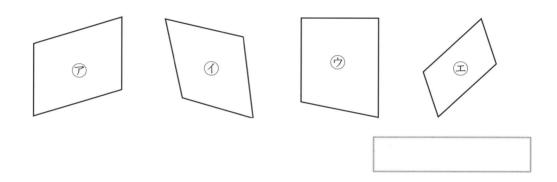

2 下の図は平行四辺形です。

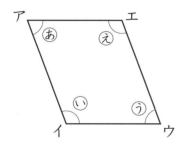

①辺アイと平行な辺はどれですか。

辺

②辺イウと長さが等しい辺はどれですか。

辺

③あの角度と等しい角はどれですか。

④あの角度が70°，いの角度が110°のとき，う，えの角度はそれぞれ何度ですか。

う [　　　] °， え [　　　] °

27 四角形
平行四辺形②

 りかい

▶▶▶ 答えはべっさつ 5 ページ

 点数

1 問 50 点

点

下の図のような<ruby>平行四辺形<rt>へいこうしへんけい</rt></ruby>をかきましょう。

①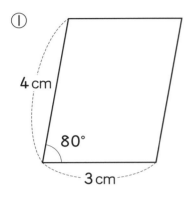

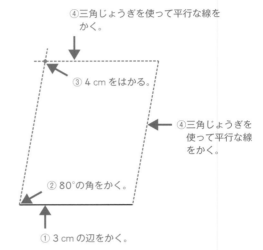

④三角じょうぎを使って平行な線を
　かく。

③ 4 cm をはかる。

④三角じょうぎを
　使って平行な線
　をかく。

② 80°の角をかく。

① 3 cm の辺をかく。

②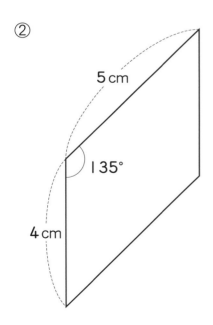

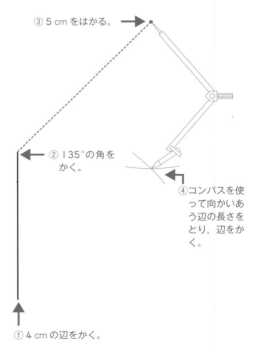

③ 5 cm をはかる。

② 135°の角を
　かく。

④コンパスを使
　って向かいあ
　う辺の長さを
　とり，辺をか
　く。

① 4 cm の辺をかく。

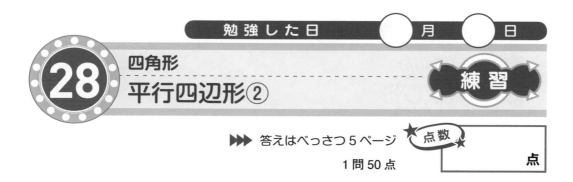

28 四角形
平行四辺形②

▶▶▶ 答えはべっさつ5ページ

1問50点

点数　　　　　　　　　　点

下の図のような平行四辺形をかきましょう。

①

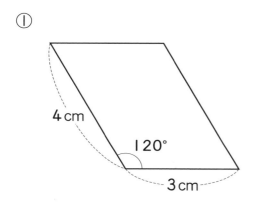

4 cm

120°

3 cm

②

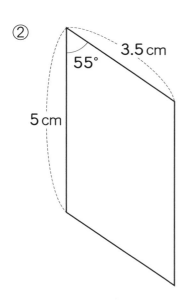

3.5 cm

55°

5 cm

▶▶▶ 答えはべっさつ6ページ

点数

1問20点

点

1 ひし形はどれですか。すべて答えましょう。

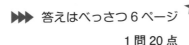

辺の長さがみんな
等しい。

2組の辺
が平行。

2 下の図はひし形です。

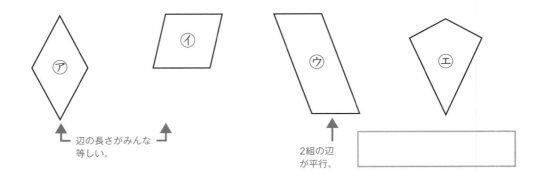

① 辺アイ，辺イウの長さはそれぞれ
何cmですか。

ひし形の4つの辺の長さはみんな等しい。

辺アイ ☐ cm，辺イウ ☐ cm

② あ，いの角度はそれぞれ何度ですか。

向かいあった角の大きさは等しい。

あ ☐ °，い ☐ °

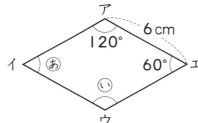

● 4つの辺の長さがみんな等しい四角形を ☐ といい，

向かいあった辺は ☐ になっています。

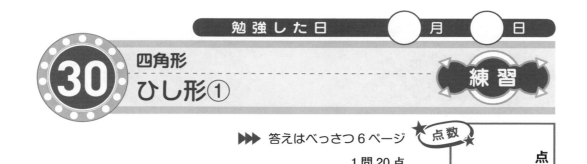

四角形
ひし形①

練習

▶▶▶ 答えはべっさつ6ページ
1問20点

点数　　　　　　点

1 ひし形はどれですか。すべて答えましょう。

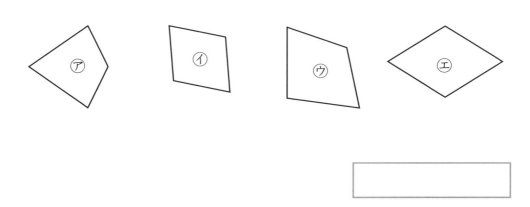

2 下の図はひし形です。

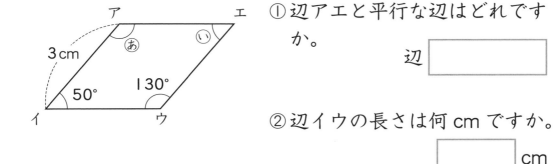

①辺アエと平行な辺はどれですか。

辺

②辺イウの長さは何cmですか。

cm

③あ，いの角度はそれぞれ何度ですか。

あ　　　°，い　　　°

31 四角形
ひし形②

▶▶▶ 答えはべっさつ6ページ

りかい

点数　　　点

1問50点

下の図のようなひし形をかきましょう。

①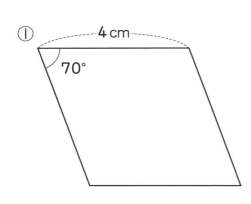

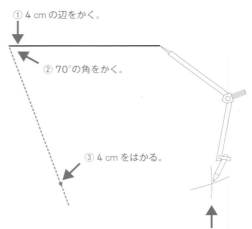

① 4cmの辺をかく。

② 70°の角をかく。

③ 4cmをはかる。

④コンパスで残りの等しい辺の長さをとり、辺をかく。

②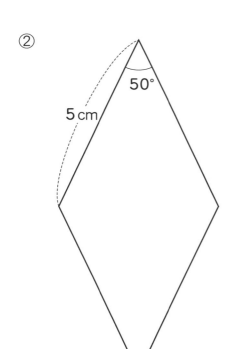

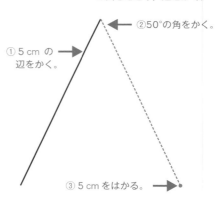

①5cmの辺をかく。

②50°の角をかく。

③5cmをはかる。

④コンパスで残りの等しい辺の長さをとり、辺をかく。

▶▶▶ 答えはべっさつ6ページ

点数

点

1問50点

下の図のようなひし形をかきましょう。

①

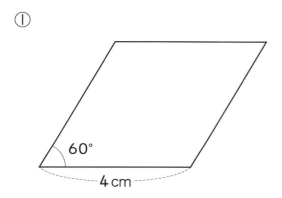

60°
4cm

②

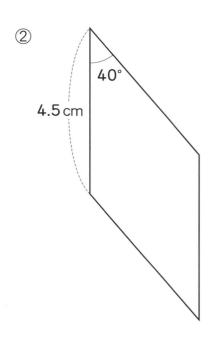

40°
4.5cm

33 四角形
対角線

りかい

▶▶▶ 答えはべっさつ6ページ

点数　　　　　点

1問25点

1 下の四角形の対角線について，次の問いに答えましょう。

向かいあった頂点をむすんだ直線が対角線。

⑦ 台形　　⑦ 平行四辺形　　⑦ ひし形　　⑦ 長方形

　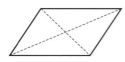　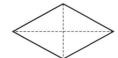　

① 対角線がそれぞれのまん中の点で交わる四角形はどれですか。すべて答えましょう。

平行四辺形の2つの対角線はそれぞれのまん中の点で交わる。

② 対角線が垂直に交わる四角形はどれですか。

ひし形の2つの対角線は垂直で，それぞれのまん中の点で交わる。

③ 対角線の長さが等しい四角形はどれですか。

長方形の2つの対角線の長さは等しく，それぞれのまん中の点で交わる。

2 対角線の長さが 4cm と 8cm のひし形をかきましょう。

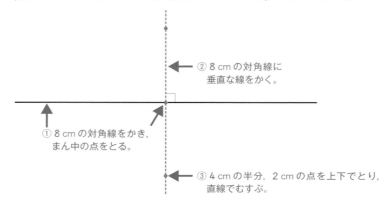

② 8cm の対角線に垂直な線をかく。

① 8cm の対角線をかき，まん中の点をとる。

③ 4cm の半分，2cm の点を上下でとり，直線でむすぶ。

▶▶▶ 答えはべっさつ6ページ
1問25点

点数

点

1 下の四角形の対角線について，次の問いに答えましょう。

⑦ 正方形　　④ 長方形　　⑦ ひし形　　⑤ 平行四辺形

  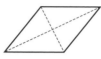 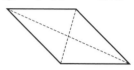

①対角線の長さが等しい四角形はどれですか。すべて答え
　ましょう。

②対角線が垂直に交わる四角形はどれですか。すべて答え
　ましょう。

2 次のようなひし形と長方形をかきましょう。

①対角線の長さが5cmと
　3cmのひし形

②対角線の長さが5cmで，
　対角線が交わってできる角
　度が125°の長方形

四角形のまとめ

35 プレゼントはどっち

▶▶▶ 答えはべっさつ7ページ

赤い箱と青い箱のうち，どちらかにプレゼントが入っています。暗号ボードをかいどくして答えよう。

暗号ボード ● ● ● ● ● ● ● ●

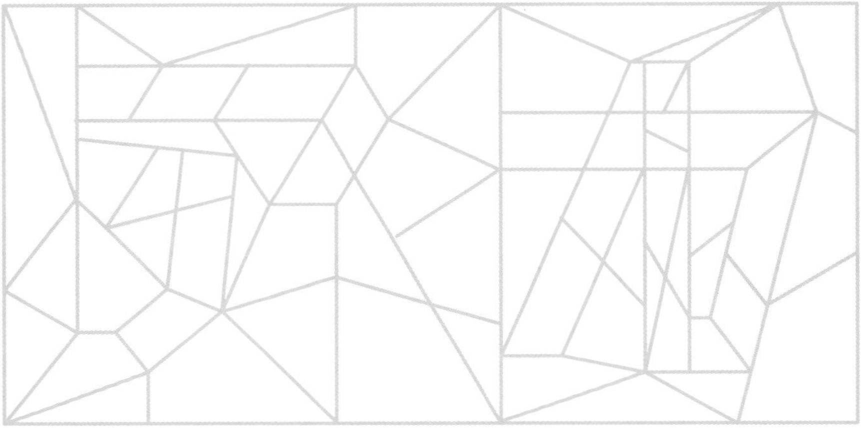

☞ 台形，平行四辺形，ひし形に色をぬろう。

プレゼントが入っているのは

☐　い箱

36 折れ線グラフ
折れ線グラフ①

▶▶▶ 答えはべっさつ7ページ

①・②：1問30点　③：40点

点数

点

下の折れ線グラフは，1日の気温の変わり方を表したものです。

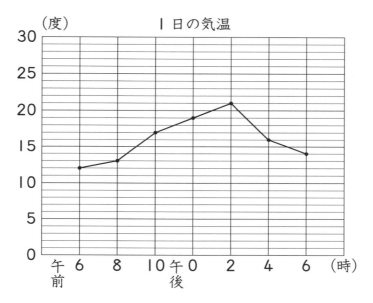

①午前10時の気温は何度ですか。

　　午前10時の線を上にたどり，ぶつかったグラフの点の気温をよむ。

度

②気温が21度になったのは何時ですか。

　　21度の線を右にたどり，ぶつかったグラフの点の時こくをよむ。

時

③気温の上がり方がいちばん大きいのは，何時から何時の間ですか。

　　変わり方が大きくなるほど，
　　グラフの線のかたむきは急になる。

時から　　　　　　時の間

37 折れ線グラフ
折れ線グラフ①

▶▶▶ 答えはべっさつ7ページ 〈点数〉

①・②：1問30点 ③：40点

点

下の折れ線グラフは，1日の地面の温度の変わり方を表したものです。

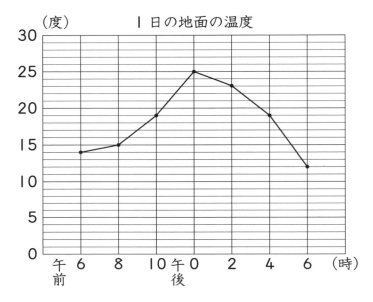

①午前8時の地面の温度は何度ですか。

◻︎ 度

②地面の温度が19度になったのは，何時と何時ですか。

◻︎ 時と ◻︎ 時

③地面の温度の下がり方がいちばん大きいのは，何時から何時の間ですか。

◻︎ 時から ◻︎ 時の間

折れ線グラフ

38 折れ線グラフ②

りかい

▶▶▶ 答えはべっさつ7ページ

点数

1問25点

点

下の表は，ゆみさんの5才から9才までの身長を表した
ものです。これを折れ線グラフに表します。

ゆみさんの身長

年れい（才）	5	6	7	8	9
身長(cm)	115	118	122	130	134

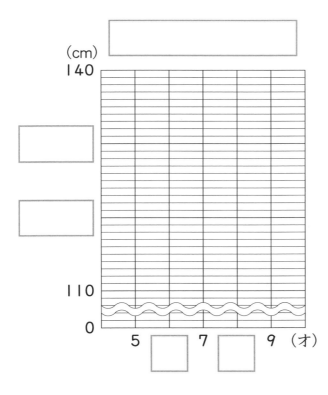

① グラフの表題を書
きましょう。

┗ 表の表題と同じ。

② 横のじくのめもり
を書きましょう。

┗ 年れいを書く。

③ たてのじくのめも
りを書きましょう。

┗ 身長を書く。

④ 折れ線グラフをかきましょう。

┗ それぞれの年れいの身長を表す点をうち，順に点を直線でむすぶ。

39 折れ線グラフ

折れ線グラフ②

▶▶▶ 答えはべっさつ 7 ページ

点数 [　　　　点]

1問 25点

下の表は，2 時間ごとに調べた 1 日の気温です。これを折れ線グラフに表します。

1 日の気温

時こく（時）	午前6	8	10	午後0	2	4	6
気温（度）	14	15	17	23	26	22	17

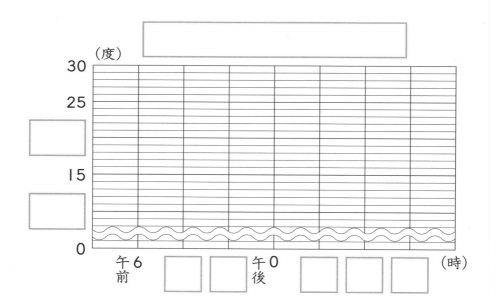

① グラフの表題を書きましょう。
② 横のじくのめもりを書きましょう。
③ たてのじくのめもりを書きましょう。
④ 折れ線グラフをかきましょう。

小数

40 小数の表し方

りかい

▶▶▶ 答えはべっさつ8ページ

点数

1問20点

□ 点

1 次の水のかさは何Lですか。

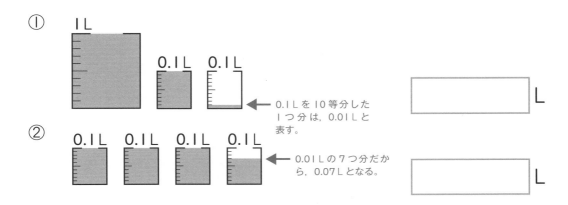

① 1L　0.1L　0.1L

← 0.1Lを10等分した
　1つ分は, 0.01Lと
　表す。

□ L

② 0.1L　0.1L　0.1L　0.1L

← 0.01Lの7つ分だか
　ら, 0.07Lとなる。

□ L

2 次の重さや長さを, ( )の単位(たんい)で表しましょう。

① 1324g （kg）

└ 1000g＝1kg, 100gは1kgの $\frac{1}{10}$ …0.1kg
　　10gは0.1kgの $\frac{1}{10}$ …0.01kg
　　1gは0.01kgの $\frac{1}{10}$ …0.001kg

□ kg

② 528g （kg）

└ 500g…0.1kgの5つ分
　20g…0.01kgの2つ分
　8g…0.001kgの8つ分

□ kg

③ 2619m （km）

└ 1000m＝1km, 100mは1kmの $\frac{1}{10}$ …0.1km
　　10mは0.1kmの $\frac{1}{10}$ …0.01km
　　1mは0.01kmの $\frac{1}{10}$ …0.001km

□ km

41 小数
小数の表し方

練 習

▶▶▶ 答えはべっさつ8ページ

点数

1:1問10点 **2**:1問20点

点

1 次の水のかさは何Lですか。

①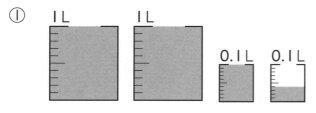

L

②

L

2 次の重さや長さを，（　）の単位で表しましょう。

① 3397g （kg）

kg

② 405g （kg）

kg

③ 1083m （km）

km

④ 726m （km）

km

44

42 小数
小数のしくみ①

▶▶▶ 答えはべっさつ 8 ページ

⭐ 点数 ⭐

点

1 問 20 点

次の ☐ にあてはまる数を書きましょう。

① 1 を 1 こ，0.1 を 3 こ，0.01 を 2 こ，0.001 を 4 こ
　　↳1　　　　　↳0.3　　　　　↳0.02　　　　　↳0.004

あわせた数は，☐ です。

② 1 を 8 こ，0.01 を 6 こ，0.001 を 3 こあわせた数は，
　　↳8　　　　↳0.06　　　　↳0.003

☐ です。

③ 4.725 は，1 を ☐ こ，0.1 を ☐ こ，0.01 を
　↳4 と 0.7 と 0.02 と 0.005 をあわせた数

☐ こ，0.001 を ☐ こあわせた数です。

④ 2.315 は，0.001 を ☐ こ集めた数です。
　　↳1 は 0.001 が 1000 こ，0.1 は 0.001 が 100 こ，
　　0.01 は 0.001 が 10 こ

⑤ 0.001 を 3264 こ集めた数は，☐ です。
　　↳0.001 が 1000 こで 1，0.001 が 100 こで 0.1，
　　0.001 が 10 こで 0.01

小数
小数のしくみ①

▶▶▶ 答えはべっさつ8ページ

 点数

点

①～③：1問12点　④～⑦：1問16点

次の◻️にあてはまる数を書きましょう。

①1を3こ，0.1を7こ，0.01を2こ，0.001を8こ
あわせた数は，◻️　です。

②1を6こ，0.1を5こ，0.001を4こあわせた数は，
◻️　です。

③3.179は，1を◻️こ，0.1を◻️こ，0.01を◻️こ，
0.001を◻️こあわせた数です。

④4.241は，0.001を◻️こ集めた数です。

⑤2.07は，0.001を◻️こ集めた数です。

⑥0.001を6782こ集めた数は，◻️です。

⑦0.001を3450こ集めた数は，◻️です。

44 小数
小数のしくみ②

▶▶▶ 答えはべっさつ8ページ

点数

1問20点 点

次の数を書きましょう。

① 1.23 を 10 倍した数

　　　└ 10倍すると，位が1つ上がる。

② 96.5 を 10 倍した数

　　　└ 10倍すると，位が1つ上がる。

③ 0.682 を 100 倍にした数

　　　└ 100倍すると，位が2つ上がる。

④ 48.7 を $\frac{1}{10}$ にした数

　　　└ $\frac{1}{10}$ にすると，位が1つ下がる。

⑤ 73.8 を $\frac{1}{100}$ にした数

　　　└ $\frac{1}{100}$ にすると，位が2つ下がる。

!覚えよう!

● 小数も整数と同じように，各位の数字は，

　10倍すると位が □ つ上がり，100倍すると位が □ つ上

　がり，$\frac{1}{10}$ にすると位が □ つ下がり，$\frac{1}{100}$ にすると位が

　□ つ下がります。

45 小数
小数のしくみ②

▶▶▶ 答えはべっさつ 8 ページ

 点数

点

①〜④：1問 10 点　　⑤〜⑧：1問 15 点

次の数を書きましょう。

① 3.95 を 10 倍した数

② 0.27 を 10 倍した数

③ 2.46 を 100 倍した数

④ 0.4 を 100 倍した数

⑤ 42.9 を $\frac{1}{10}$ にした数

⑥ 6.03 を $\frac{1}{10}$ にした数

⑦ 51.7 を $\frac{1}{100}$ にした数

⑧ 32 を $\frac{1}{100}$ にした数

小数のまとめ

46 ごう君をさがせ

▶▶▶答えはべっさつ8ページ

どうくつでまいごになったごう君をさがそう。
分かれ道に書かれている数の「5」に
近い方へ進めば，ごう君に会えるよ。

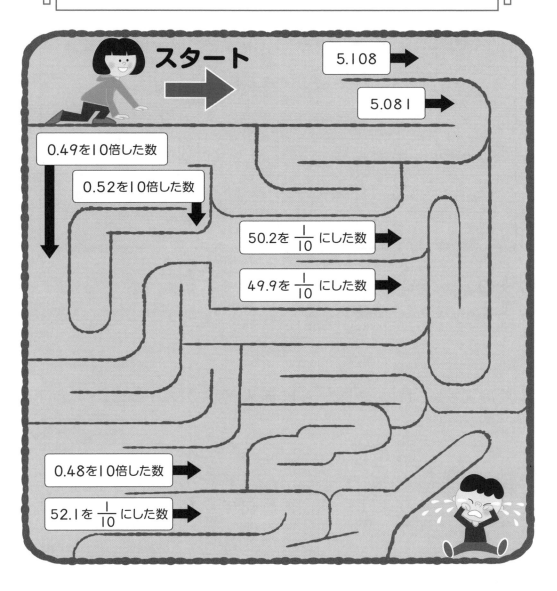

47 整理のしかた
整理のしかた①

りかい

▶▶▶ 答えはべっさつ9ページ

点数

1問10点

点

下の表は，落とし物の種類と場所についてまとめたものです。

落とし物の種類と場所　　　　　　（人）

種類＼場所	教室	ろう下	校庭	体育館	合計
えんぴつ	5	2	1	0	㊤
消しゴム	㋑	1	0	0	㋒
ハンカチ	0	㋓	2	3	9
ぼうし	0	0	1	㋔	3
合計	8	㋕	4	㋖	㋗

① 表の㋐～㋗にあてはまる数を書きましょう。

　㋐…えんぴつの合計を求める。
　㋑…教室の合計から，わかっているものの数をひく。

② 校庭で落とし物をした人は何人ですか。

　校庭の合計を見る。

人

③ 落とし物でいちばん多いのは何ですか。

　落とし物の合計をくらべる。

48 整理のしかた
整理のしかた①

▶▶▶ 答えはべっさつ９ページ

点数　　　点

①：1問8点　②〜④：1問12点

下の表は，けがの種類と場所についてまとめたものです。

けがの種類と場所　　　　　（人）

種類＼場所	教室	ろう下	校庭	体育館	合計
すりきず	0	1	㋐	1	8
切りきず	2	0	1	0	3
だぼく	1	2	3	㋑	㋒
ねんざ	0	㋔	4	2	㋕
合計	㋖	4	㋘	6	㋗

①表の㋐〜㋗にあてはまる数を書きましょう。

②切りきずをした人は何人ですか。

　　　　　　　　　　　　　　人

③いちばんけがをした人が多い場所はどこですか。

④どこでどんなけがをした人がいちばん多いですか。

　　場所　　　　　　　　けが

49 整理のしかた
整理のしかた②

▶▶▶ 答えはべっさつ9ページ

①：1問12点　②・③：1問20点

下の表は，あさみさんの組の人の，肉と魚のすききらいについて調べたものです。

肉と魚のすききらい調べ　　　（人）

		肉		合計
		すき	きらい	
魚	すき	8	5	㋐
	きらい	7	3	㋑
合計		㋒	㋓	㋔

① 表の㋐〜㋔にあてはまる数を書きましょう。

　㋐…魚がすきな人の合計。
　㋑…魚がきらいな人の合計。
　㋒…肉がすきな人の合計。
　㋓…肉がきらいな人の合計。

② 肉がきらいで，魚がすきな人は何人ですか。

　表の「肉がきらい」のところを下に，「魚がすき」の
　ところを右に見て，交わったところの人数。

　　　　　　人

③ 肉がすきな人は何人ですか。

　表の㋒の人数。

　　　　　　人

50 整理のしかた
整理のしかた②

▶▶▶ 答えはべっさつ9ページ

点数

点

①：1問10点　②〜④：1問20点

下の表は，だいきさんの組で，兄や姉がいるかどうかについてまとめたものです。

きょうだい調べ　　　　（人）

		兄		合計
		いる	いない	
姉	いる	4	7	㋐
	いない	㋑	12	17
合計		9	㋒	㋓

① 表の㋐〜㋓にあてはまる数を書きましょう。

② 兄も姉もいる人は何人ですか。

　　　　　　　　　　　人

③ 兄がいない人は何人ですか。

　　　　　　　　　　　人

④ だいきさんの組の人数は何人ですか。

　　　　　　　　　　　人

51 面積
面積の表し方

▶▶▶ 答えはべっさつ9ページ 　点数

点

①〜④：1問15点　⑤・⑥：1問20点

次の □ にあてはまる数を書きましょう。

① $2\,m^2 =$ [　　　　　] cm^2 ← $1\,m^2 = 10000\,cm^2$

② $500\,m^2 =$ [　　　　　] a ← $100\,m^2 = 1\,a$

③ $70000\,m^2 =$ [　　　　　] ha ← $10000\,m^2 = 1\,ha$

④ $4\,km^2 =$ [　　　　　] m^2 ← $1\,km^2 = 1000000\,m^2$

⑤ $3\,ha =$ [　　　　　] a ← $1\,ha = 100\,a$

⑥ $610000\,m^2 =$ [　　　　　] ha ← $10000\,m^2 = 1\,ha$

！覚えよう！

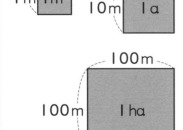

● $1\,m^2 =$ [　　　　　] cm^2

● $1\,a$ は 1辺が [　　　] m の正方形
の面積, $1\,ha$ は 1辺が [　　　] m
の正方形の面積です。

● $1\,km^2 =$ [　　　　　] m^2

52 面積
面積の表し方

練習

▶▶▶ 答えはべっさつ9ページ

点数

1問10点

点

次の □ にあてはまる数を書きましょう。

① 8 m² = [　　　　　] cm²

② 120000 cm² = [　　　　　] m²

③ 3 a = [　　　　　] m²

④ 2800 m² = [　　　　　] a

⑤ 6 ha = [　　　　　] m²

⑥ 540000 m² = [　　　　　] ha

⑦ 7 km² = [　　　　　] m²

⑧ 68000000 m² = [　　　　　] km²

⑨ 3500 a = [　　　　　] ha

⑩ 18 ha = [　　　　　] a

53 面積
長方形や正方形の面積①

りかい

▶▶▶ 答えはべっさつ9ページ

①・②：1問30点　③：40点

点

次の長方形や正方形の面積を求めましょう。

①

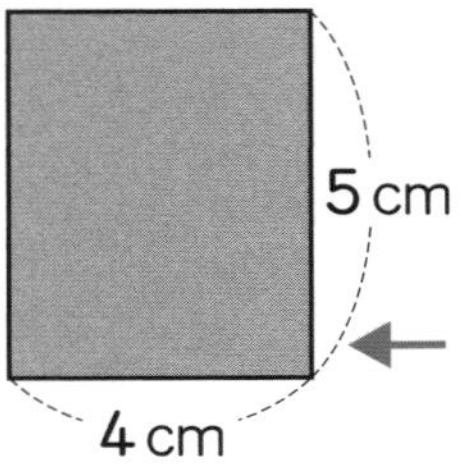

5 cm

4 cm

← たて5cm，横4cmの長方形。

（式）

答え □ cm²

②

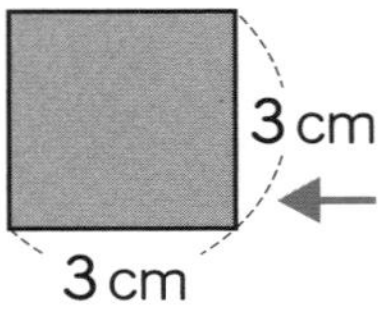

3 cm

3 cm

← 1辺が3cmの正方形。

（式）

答え □ cm²

③

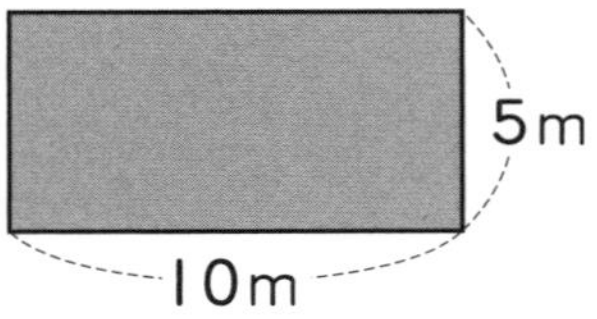

5 m

10 m

↑

たて5m，横10mの長方形。mの単位でも公式は使える。

（式）

答え □ m²

覚えよう

● 長方形の面積 = □ × □

● 正方形の面積 = □ × □

54 面積 長方形や正方形の面積① 練習

▶▶▶ 答えはべっさつ9ページ

点数 　　　　点

1問20点

1 次の長方形や正方形の面積を求めましょう。

① 3cm　9cm　（式）

答え ＿＿＿ cm²

② 12m　12m　（式）

答え ＿＿＿ m²

2 次の長方形や正方形の面積を（　）の単位で求めましょう。

① （a）　60m　80m　（式）

答え ＿＿＿ a

② （ha）　400m　400m　（式）

答え ＿＿＿ ha

③ （km²）　15km　15km　（式）

答え ＿＿＿ km²

面積
長方形や正方形の面積②

りかい

▶▶▶ 答えはべっさつ10ページ

点数

1 : 1問30点 **2** : 40点

点

1 右のような形の面積の求め方を
考えます。

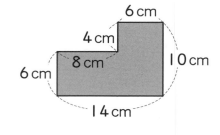

① 下の図のように，2つの長方形
に分けて求めましょう。

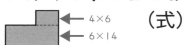

← 4×6
← 6×14

（式）

答え ☐ cm²

② 下の図のように，大きい長方形から小さい長方形をひい
て求めましょう。

（式）

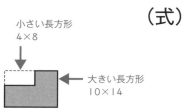

小さい長方形
4×8

← 大きい長方形
10×14

答え ☐ cm²

2 黒くぬった部分の面積を求めましょう。

（式）

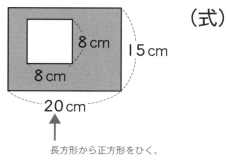

8 cm
8 cm
15 cm
20 cm

長方形から正方形をひく。

答え ☐ cm²

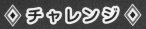

56 面積
長方形や正方形の面積②

練 習

▶▶▶ 答えはべっさつ 10 ページ

①・②：1問30点　③：40点

点数　　　　　　　　　点

黒くぬった部分の面積を求めましょう。

①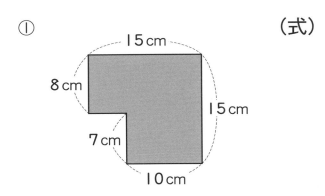

（式）

答え □ cm²

②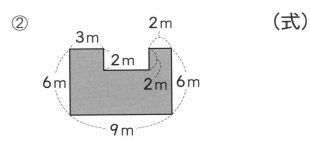

（式）

答え □ m²

③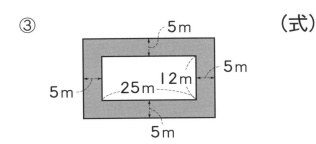

（式）

答え □ m²

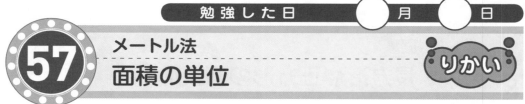

57 メートル法
面積の単位

りかい

▶▶▶ 答えはべっさつ10ページ

点数 ★ ★ 点

1問50点

次の □ にあてはまる数や単位を書きましょう。

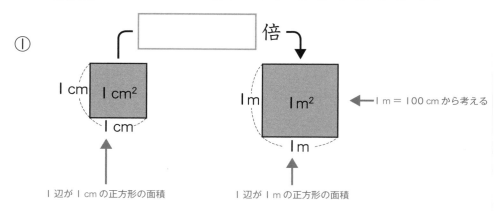

① □ 倍

1 cm | 1 cm² | 1 cm
1m | 1m² | 1m ← 1m = 100cmから考える

1辺が1cmの正方形の面積　　1辺が1mの正方形の面積

② 1000000 倍

1m | 1m² | 1m

1 □ ← 1000m = 1km から考える

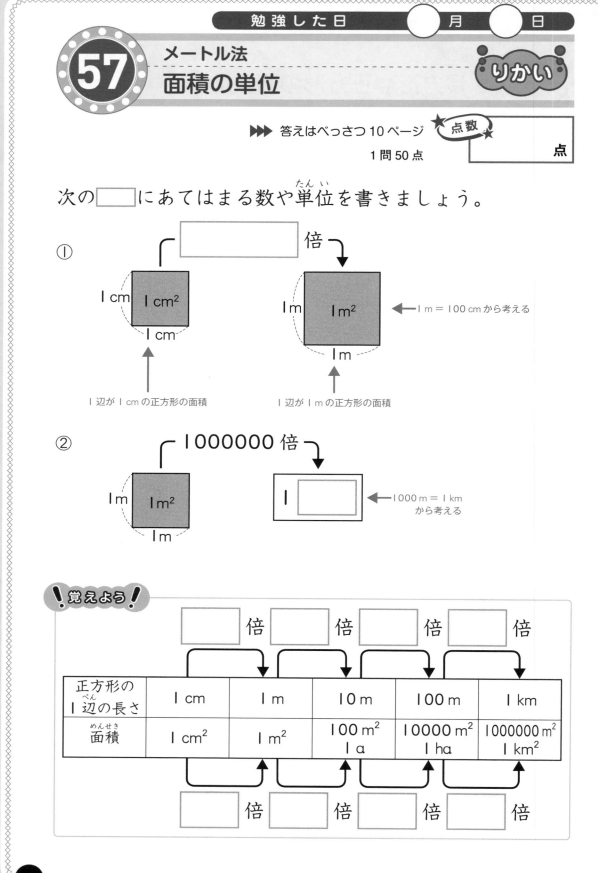

!覚えよう!

| | □倍 | □倍 | □倍 | □倍 |

正方形の1辺の長さ	1 cm	1 m	10 m	100 m	1 km
面積	1 cm²	1 m²	100 m² 1a	10000 m² 1ha	1000000 m² 1km²

| | □倍 | □倍 | □倍 | □倍 |

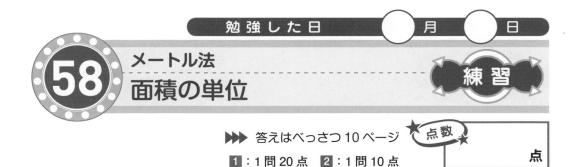

58 メートル法
面積の単位

練習

▶▶▶ 答えはべっさつ10ページ

点数

点

1：1問20点　2：1問10点

1 次の ☐ にあてはまる数や単位を書きましょう。

①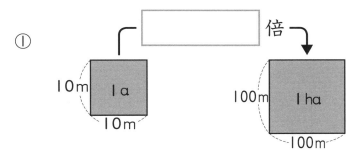

②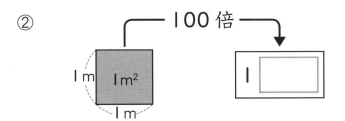

2 次のように，面積の単位の関係(かんけい)をまとめました。あ〜か
にあてはまる数や単位を書きましょう。

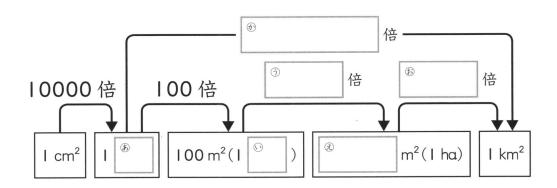

59 分数
分数①

▶▶▶ 答えはべっさつ 10 ページ

点数 ★

点

1問 20 点

1 次の分数を，真分数，仮分数，帯分数に分けましょう。

ア $\dfrac{9}{7}$　　イ $1\dfrac{1}{2}$　　ウ $\dfrac{3}{4}$

┌ 分子が分母より小さい分数。
真分数 ▼ [　　　　　]

エ $\dfrac{6}{6}$　　オ $\dfrac{8}{9}$　　カ $1\dfrac{4}{5}$

┌ 分子と分母が同じか，分子が分母より大きい分数。
仮分数 ▼ [　　　　　]

┌ 整数と真分数の和で表される分数。
帯分数 ▼ [　　　　　]

2 次の長さを，仮分数と帯分数で表しましょう。

┌ $\dfrac{1}{4}$ m が 5 つ分。

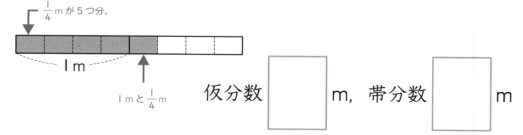

1m

1 m と $\dfrac{1}{4}$ m

仮分数 [　　] m，帯分数 [　　] m

！覚えよう！

● 分子が分母より小さい分数を [　　　　]，分子と分母が同じ

か，分子が分母より大きい分数を [　　　　]，整数と真分数

の和で表される分数を [　　　　] といいます。

60 分数

分数①

▶▶▶ 答えはべっさつ 10 ページ

1：1問12点　2：1問16点

点数　　　　　　　　　　点

1 次の分数を，真分数，仮分数，帯分数に分けましょう。

⑦ $\dfrac{4}{5}$　　④ $1\dfrac{1}{6}$　　⑦ $\dfrac{3}{2}$

⑤ $\dfrac{7}{10}$　　⑥ $2\dfrac{2}{5}$　　⑨ $\dfrac{9}{8}$

真分数 ☐

仮分数 ☐

帯分数 ☐

2 次の長さを，仮分数と帯分数で表しましょう。

①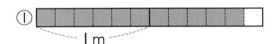
1 m

仮分数 ☐ m，帯分数 ☐ m

②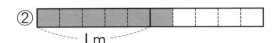
1 m

仮分数 ☐ m，帯分数 ☐ m

61 分数
分数②

▶▶▶ 答えはべっさつ 10 ページ

点数

点

1問 25 点

1 次の仮分数を，帯分数か整数になおしましょう。

① $\dfrac{7}{4}$ ◀── 7÷4＝1 あまり 3 だから，$\dfrac{4}{4}$ が 1 こと $\dfrac{1}{4}$ が 3 こ。

② $\dfrac{9}{3}$ ◀── 9÷3＝3 だから，$\dfrac{3}{3}$ が 3 こ。

2 次の帯分数を，仮分数になおしましょう。

① $1\dfrac{3}{7}$ ◀── 7×1＋3＝10 だから，$\dfrac{1}{7}$ が 10 こ。

② $2\dfrac{1}{3}$ ◀── 3×2＋1＝7 だから，$\dfrac{1}{3}$ が 7 こ。

！覚えよう！

● 仮分数を帯分数になおす

$$\dfrac{8}{5}=1\dfrac{3}{5}$$

$$8÷5=1\ \text{あまり}\ 3$$

● 帯分数を仮分数になおす

$$3\dfrac{1}{2}=\dfrac{7}{2}$$

$$2×3＋1=7$$

62 分数
分数②

▶▶▶ 答えはべっさつ11ページ

1問10点

点数 ☆☆ ｜ 点

1 次の仮分数を，帯分数か整数になおしましょう。

① $\dfrac{11}{7}$

② $\dfrac{7}{3}$

③ $\dfrac{13}{7}$

④ $\dfrac{15}{8}$

⑤ $\dfrac{12}{3}$

⑥ $\dfrac{15}{5}$

2 次の帯分数を，仮分数になおしましょう。

① $1\dfrac{3}{4}$

② $2\dfrac{1}{8}$

③ $3\dfrac{2}{3}$

④ $1\dfrac{7}{9}$

63 分数
分数の大きさ①

▶▶▶ 答えはべっさつ11ページ 点数

1 :1問15点　2 :1問14点

点

1 次の数の大小を，不等号を使って表しましょう。

仮分数か帯分数にそろえてくらべる。　　　　仮分数を帯分数になおしてくらべる。

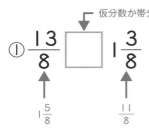

① $\frac{13}{8}$ □ $1\frac{3}{8}$
　$1\frac{5}{8}$　　$\frac{11}{8}$

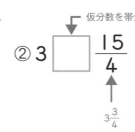

② 3 □ $\frac{15}{4}$
　　$3\frac{3}{4}$

2 下の数直線で，ア〜ウが表す分数はいくつですか。1より大きい分数は，仮分数と帯分数で表しましょう。

0　ア　　　1　イ　　2　ウ　　3

1を7等分した2こ分　　1を7等分した10こ分　　1を7等分した18こ分

ア □

イ　仮分数 □ ，帯分数 □

ウ　仮分数 □ ，帯分数 □

64 分数
分数の大きさ①

▶▶▶ 答えはべっさつ11ページ

点数　　　　　　　　　点

1：1問10点　2：1問12点

1 次の数の大小を，不等号を使って表しましょう。

① $2\dfrac{1}{3}$ □ $\dfrac{8}{3}$　　　　② $\dfrac{13}{7}$ □ $1\dfrac{4}{7}$

③ 4 □ $\dfrac{22}{6}$　　　　④ $3\dfrac{3}{8}$ □ $\dfrac{28}{8}$

2 下の数直線で，ア〜ウが表す分数はいくつですか。1よ
り大きい分数は，仮分数と帯分数で表しましょう。

ア □

イ　仮分数 □，帯分数 □

ウ　仮分数 □，帯分数 □

65 分数

分数の大きさ②

▶▶▶ 答えはべっさつ11ページ

点数

点

1問50点

下の数直線を見て、次の問いに答えましょう。

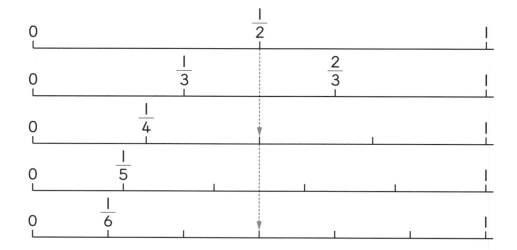

① $\dfrac{1}{2}$ と等しい分数をすべて答えましょう。

$\dfrac{1}{2}$ のめもりをまっすぐ下にたどり、同じところにめもりがあれば、$\dfrac{1}{2}$ と等しい。

② 次の分数の大小をくらべて、□に不等号を書きましょう。

$\dfrac{1}{2}$ □ $\dfrac{1}{5}$

分子が同じときは、分母が大きくなるほど、分数は小さくなる。

!覚えよう!

● 分子が同じとき、分母の［　　　　］ほうが、分数は小さくなります。

66 分数
分数の大きさ②

▶▶▶ 答えはべっさつ11ページ

点数

1問25点

点

下の数直線を見て，次の問いに答えましょう。

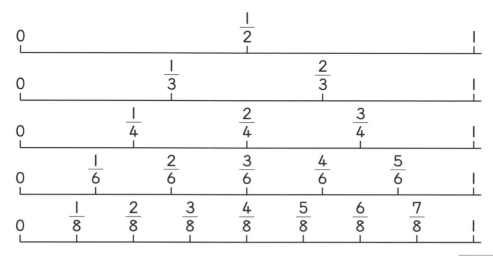

① $\dfrac{1}{3}$ と等しい分数を答えましょう。

② $\dfrac{3}{4}$ と等しい分数を答えましょう。

③ $\dfrac{4}{6}$ と等しい分数を答えましょう。

④分子が2の分数を，大きい順に書きましょう。

分数のまとめ

67 わたしのおにぎりが…

▶▶▶ 答えはべっさつ12ページ

> いつの間にかおべんとうのおにぎりを食べられ
> てしまったよ。
> どこにいる動物が食べたのかな。◯で囲(かこ)もう。

$\dfrac{9}{4}$	$1\dfrac{5}{7}$	$2\dfrac{3}{4}$
$\dfrac{11}{6}$	$\dfrac{13}{6}$	$\dfrac{15}{7}$
$2\dfrac{4}{5}$	$3\dfrac{1}{4}$	$1\dfrac{3}{7}$

ヒント 左と同じ大きさの分数に色をぬろう。

$\dfrac{13}{5}$	$\dfrac{5}{7}$	$\dfrac{12}{7}$	$1\dfrac{1}{4}$	$1\dfrac{1}{6}$
$\dfrac{2}{7}$	$3\dfrac{5}{6}$	$\dfrac{11}{4}$	$\dfrac{10}{7}$	$\dfrac{9}{7}$
$3\dfrac{3}{4}$	$\dfrac{6}{7}$	$1\dfrac{5}{6}$	$2\dfrac{1}{5}$	$3\dfrac{1}{6}$
$\dfrac{13}{4}$	$2\dfrac{1}{6}$	$2\dfrac{1}{7}$	$\dfrac{14}{5}$	$2\dfrac{1}{4}$

68 変わり方

変わり方①

▶▶▶ 答えはべっさつ12ページ

点数 ★★

1問25点

点

20 cm のひもを使って，いろいろな長方形をつくりました。

① つくった長方形の，たての長さと横の長さの組を表に整理します。表のあいているところにあてはまる数を書きましょう。 ← 長方形だから，たての辺2本と横の辺2本の長さの合計が20 cm。

たての長さ(cm)	1	2	3	4	5	6	
横の長さ　(cm)	9						

② ①の表を見て，長方形のたてと横の長さの関係をことばの式に書きましょう。 ← 表をたての組み合わせで見ると，どれもたした数が同じになる。

たての長さ ＋ [　　　　　] ＝ [　　　　　]

③ たての長さを□ cm，横の長さを○ cm として，□と○の関係を式に書きましょう。 ← ②のことばのところを，□と○にして式を書く。

[　　　　　　　　　　　　　　　　　]

④ たての長さが 8 cm のとき，横の長さは何 cm になりますか。 ← □+○=10 で，たてが8 cmなので 8+○=10
この○にあてはまる数を求める。

（式）

答え [　　　　] cm

69 変わり方
変わり方①

▶▶▶ 答えはべっさつ12ページ

★ 点数 ★

1問20点

点

15cmのろうそくをもやしたときの，もえた長さと残りの長さを調べました。

① ろうそくのもえた長さと残りの長さの変わり方を表に整理します。表のあいているところにあてはまる数を書きましょう。

もえた長さ （cm）	1	2	3	4	5	6
残りの長さ （cm）						

② もえた長さと残りの長さの関係を，ことばの式に書きましょう。

	+		=	

③ もえた長さを□cm，残りの長さを○cmとして，□と○の関係を式に書きましょう。

④ もえた長さが11cmのとき，残りの長さは何cmですか。
（式）

答え ⬚ cm

⑤ 残りの長さが5cmのとき，もえた長さは何cmですか。
（式）

答え ⬚ cm

70 変わり方
変わり方②

▶▶▶ 答えはべっさつ12ページ

点数 □ 点

1問25点

下の表は，水そうに水を入れたときの，水のかさと全体の重さについて整理したものです。

水のかさ (L)	1	2	3	4	5	6	
全体の重さ(kg)	2.5	3.5	4.5	5.5	6.5	7.5	

① 水のかさが 1L，2L，3L，……とふえると，全体の重さはどのように変わりますか。 ← 表を横に見ていくと，全体の重さも 1(kg)ずつふえている。

② 全体の重さは，水のかさにいくつたしたものになっていますか。 ← 表をたてに見て，水のかさと全体の重さをくらべると，数のちがいが一定になっている。

③ 水のかさを□L，全体の重さを◯kg として，□と◯の関係を式に表しましょう。 ← 水のかさ +1.5= 全体の重さ これを□と◯を使った式にする。

④ 水を 4.5L 入れたとき，全体の重さは何kgになりますか。 ← ③でつくった式の□に 4.5 をあてはめて◯を求める。

（式）

答え □ kg

変わり方
変わり方②

▶▶▶ 答えはべっさつ12ページ

点数

1問20点

点

下の表は，おふろに水をたしていったときの，水を入れた時間と水の深さをまとめたものです。

水を入れた時間（分）	1	2	3	4	5	6
水の深さ　　　（cm）	16	17	18	19	20	21

① 水の深さは，水を入れた時間にいくつたしたものになっていますか。

②水を入れた時間を□分，水の深さを○cmとして，□と○の関係（かんけい）を式に表しましょう。

③水を10分間入れたとき，水の深さは何cmになりますか。
（式）

答え ◻ cm

④水の深さが30cmになるのは，水を何分間入れたときですか。
（式）

答え ◻ 分間

⑤水を入れはじめる前の水の深さは，何cmですか。
（式）

答え ◻ cm

72 変わり方
変わり方③

▶▶▶ 答えはべっさつ12ページ

点数 ★★

1問20点

点

たての長さが4cmの長方形があります。横の長さを
1cm，2cm，3cm，…にしたときの面積を調べます。

① 横の長さを1cm，2cm，3cm，…にしたときの面積を
表に整理しましょう。

横の長さ（cm）	1	2	3	4	5	6
面積　　（cm²）	4					

↑ 長方形の面積＝たての長さ×横の長さ

② 横の長さが1cmふえると，面積はどのように変わりま
すか。　← 表の面積のところを横に見る。

③ 面積は，横の長さの何倍になっていますか。

↑ 表をたてに見る。
面積÷横の長さを計算してみる。

倍

④ 横の長さを□cm，面積を◯cm²として，□と◯の関係
を式に表しましょう。　← 4×横の長さ＝面積

⑤ 横の長さが9cmのとき，面積は何cm²ですか。

↑ ④の式の□に9をあてはめて◯を求める。

（式）

答え　　　cm²

73 変わり方
変わり方③

▶▶▶ 答えはべっさつ13ページ 点数

①～④：1問15点　⑤・⑥：1問20点

点

同じおかしの箱をたてにつんだときの箱の数と全体の高さについて調べます。

① 箱を1こ，2こ，3こ，…とつんだときの全体の高さを表に整理しましょう。

箱の数　　（こ）	1	2	3	4	5	6
全体の高さ(cm)	3	6	9			

② 箱が1こふえると，全体の高さはどのように変わりますか。

③ 全体の高さは，箱の数の何倍になっていますか。

倍

④ 箱の数を□こ，全体の高さを○cmとして，□と○の関係を式に表しましょう。

⑤ 箱の数が11このとき，全体の高さは何cmですか。
（式）

答え　　　　　cm

⑥ 全体の高さが42cmになるのは，箱を何こつんだときですか。
（式）

答え　　　　　こ

74 がい数
がい数の表し方①

▶▶▶ 答えはべっさつ13ページ

1問25点

1 次の数を四捨五入して，（　）の中の位までのがい数にしましょう。

① 1253　（千の位）

⤴ 百の位を四捨五入する。

② 2836　（千の位）

⤴ 百の位を四捨五入する。

2 次の数を四捨五入して，上から2けたのがい数にしましょう。

① 31952

⤴ 上から3けための位を四捨五入する。

② 1438

⤴ 上から3けための位を四捨五入する。

!覚えよう!

● ある位までのがい数で表すには，その1つ下の位の数字が，
　　0，1，2，3，4のときは切り捨て，
　　5，6，7，8，9のときは切り上げます。

このようなしかたを　　　　　　　　といいます。

75 がい数

がい数の表し方①

▶▶▶ 答えはべっさつ13ページ

点数 　　　　　　　　　点

1 : 1問10点　**2** : 1問20点

1 次の数を四捨五入して，（　）の中の位までのがい数にしましょう。

① 2346 （百の位）

② 4780 （百の位）

③ 52816 （千の位）

④ 89023 （千の位）

⑤ 67328 （一万の位）

⑥ 23957 （一万の位）

2 次の数を四捨五入して，上から2けたのがい数にしましょう。

① 6832

② 30982

76 がい数
がい数の表し方②

りかい

▶▶▶ 答えはべっさつ13ページ

点数

1問50点

点

四捨五入して百の位までのがい数にしたとき，2500になる整数について答えましょう。

2400　　2450　　2500　　2550　　2600

2400になるはんい　　2500になるはんい　　2600になるはんい

①四捨五入して2500になる整数のはんいを，以上，以下を使って表しましょう。

その数に等しいか，その数より大きい。　　その数に等しいか，その数より小さい。

☐ 以上　☐ 以下

②四捨五入して2500になる整数のはんいを，以上，未満を使って表しましょう。

その数より小さい。（その数は入らない。）

☐ 以上　☐ 未満

!覚えよう!

以上，以下，未満のちがい

● 140 ☐ …140に等しいか，140より大きい。

● 140 ☐ …140に等しいか，140より小さい。

● 140 ☐ …140より小さい。（140は入らない。）

勉強した日 ◯ 月 ◯ 日

77 がい数
がい数の表し方②

練習

▶▶▶ 答えはべっさつ13ページ

点数

1問25点

点

1 四捨五入して十の位までのがい数にしたとき，480 になる整数について答えましょう。

① 四捨五入して 480 になる整数のはんいを，以上，以下を使って表しましょう。

　　　　　以上　　　　　以下

② 四捨五入して 480 になる整数のはんいを，以上，未満を使って表しましょう。

　　　　　以上　　　　　未満

2 四捨五入して千の位までのがい数にしたとき，7000 になる整数について答えましょう。

① 四捨五入して 7000 になる整数のはんいを，以上，以下を使って表しましょう。

　　　　　以上　　　　　以下

② 四捨五入して 7000 になる整数のはんいを，以上，未満を使って表しましょう。

　　　　　以上　　　　　未満

78 がい数
計算の見積もり

▶▶▶ 答えはべっさつ 13 ページ

点数

点

1問25点

1 四捨五入して（　）の中の位までのがい数にして，答えを見積もりましょう。

① 369 ＋ 415 （百の位）

　　　　　　　十の位の数字を四捨五入してから計算する。

② 748 － 192 （百の位）

　　　　　　　十の位の数字を四捨五入してから計算する。

2 四捨五入して上から1けたのがい数にして，答えを見積もりましょう。

① 531 × 276

　　　　　上から2けための数字を四捨五入してから計算する。

② 381 ÷ 21

　　　　　上から2けための数字を四捨五入してから計算する。

がい数

計算の見積もり

▶▶▶ 答えはべっさつ13ページ

点

1①〜③, **2**①：1問15点　**2**②, ③：1問20点

1 四捨五入して（　）の中の位までのがい数にして，答えを見積もりましょう。

①245 ＋ 581 （百の位）

②687 － 366 （百の位）

③43830 ＋ 17213 （千の位）

2 四捨五入して上から1けたのがい数にして，答えを見積もりましょう。

①424 × 368

②2918 × 5847

③7811 ÷ 43

80 かん単なわり合
かん単なわり合

▶▶▶ 答えはべっさつ13ページ

点数

①，②：1問35点，　③：1問30点

点

2本のばねA，Bがあります。次の問いに答えましょう。

① ばねAののびる前の長さは **30cm**，のびた後の長さは

もとにする量

60cm です。のびた後の長さは，のびる前の長さの

くらべられる量

何倍ですか。

わり合

（式）

答え □ 倍

② ばねBののびる前の長さは **20cm**，のびた後の長さは

もとにする量

80cm です。のびた後の長さは，のびる前の長さの

くらべられる量

何倍ですか。

わり合

（式）

答え □ 倍

③ ばねAとBでは，どちらがよくのびるといえますか。

ばね □

!覚えよう!

● わり合 ＝ □ ÷ □

▶▶▶ 答えはべっさつ14ページ

①, ②：1問35点　③：1問30点

点

ある店で，A，Bの2種類のみかんを売っており，それぞれね上げをすることになりました。次の問いに答えましょう。

①みかんAは1こ25円が100円になりました。ね上げ後のねだんは，ね上げ前のねだんの何倍ですか。
（式）

答え　　　　　　倍

②みかんBは1こ35円が105円になりました。ね上げ後のねだんは，ね上げ前のねだんの何倍ですか。
（式）

答え　　　　　　倍

③みかんAとBでは，どちらがより多くね上がりしたといえますか。

みかん

がい数のまとめ

82 ガイスウめいろ

▶▶▶ 答えはべっさつ14ページ

上から1けたのがい数にして，計算の答えを
見積もり，大きい方に進もう。

291×307

384×218

ゴール

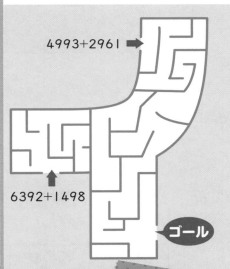

4993+2961

6392+1498

ゴール

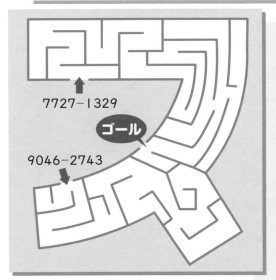

7727−1329

ゴール

9046−2743

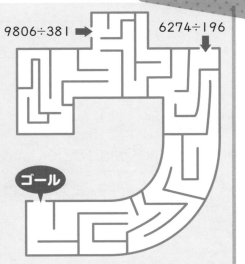

9806÷381

6274÷196

ゴール

▶▶▶ 答えはべっさつ 14 ページ

①：10点　②：1問 15点

点数 ⬜

直方体と立方体について答えましょう。

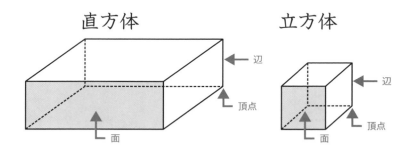

① 立方体の面はどんな形ですか。　← ぜんぶ同じ形をしている。

⬜

② 面，辺，頂点の数を下の表に書きましょう。

	面の数	辺の数	頂点の数
直方体			
立方体			

！覚えよう！

● 長方形だけで囲まれた形や，長方形と正方形で囲まれた形を

⬜　，正方形だけで囲まれた形を ⬜

といいます。

84 直方体と立方体
直方体と立方体①

▶▶▶ 答えはべっさつ14ページ

点数

①・②：1問10点　③〜⑥：1問15点

点

下の図を見て，次の問いに答えましょう。

⑦

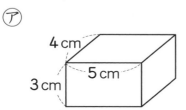

4cm
3cm
5cm

④

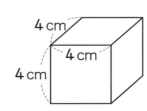

4cm
4cm
4cm

①⑦，④の面は，それぞれどんな形ですか。

⑦ [　　　　　]，④ [　　　　　]

②⑦，④は，それぞれ何という形ですか。

⑦ [　　　　　]，④ [　　　　　]

③⑦には，形も大きさも同じ面がいくつずつ何組ありますか。

[　　　　　]つずつ [　　　　　]組

④⑦には，同じ長さの辺が何本ずつ何組ありますか。

[　　　　　]本ずつ [　　　　　]組

⑤④には，形も大きさも同じ面がいくつありますか。

[　　　　　]つ

⑥④には，同じ長さの辺が何本ありますか。

[　　　　　]本

85 直方体と立方体
直方体と立方体②

 りかい

▶▶▶ 答えはべっさつ14ページ

1問50点

点数　　　　　　点

下の直方体や立方体のてん開図をかきましょう。

①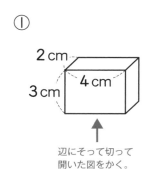

辺にそって切って
開いた図をかく。

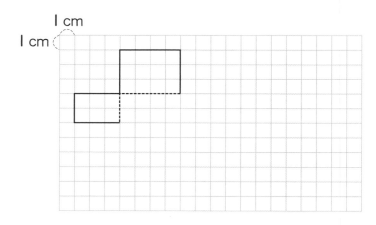

②

辺にそって切って
開いた図をかく。

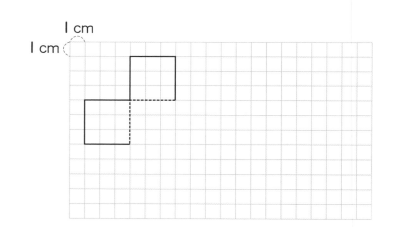

!覚えよう!

● 直方体や立方体などの辺を, 切り開いて, 平面にかいた図を,

　　　　　　　　といいます。

勉強した日　　月　　日

86 直方体と立方体
直方体と立方体②

練 習

▶▶▶ 答えはべっさつ 15 ページ

点数

1問 50 点

点

下の直方体や立方体のてん開図をかきましょう。

①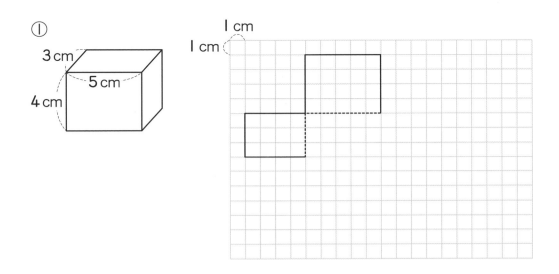

②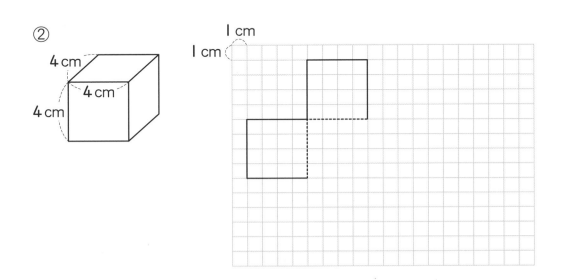

87 直方体と立方体

直方体と立方体③

りかい

▶▶▶ 答えはべっさつ15ページ

点数

① ～ ④ 1問15点　⑤・⑥1問20点

点

下の直方体について，次の問いに答えましょう。

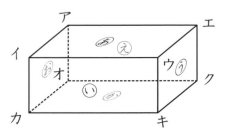

① 面⑰に垂直な面はいくつありますか。

┗ となりあっている面は垂直。

◯つ

② 面⑤に平行な面はどれですか。

┗ 向かいあっている面は平行。

面◯

③ 辺アイに垂直な辺は何本ありますか。

┗ 面⑧と面⑯は長方形で，長方形のとなりあっ
ている辺は垂直。

◯本

④ 辺カキに平行な辺は何本ありますか。

┗ 面⑪と面⑰は長方形で，長方形の向かいあっ
ている辺は平行。四角形カキエアも長方形。

◯本

⑤ 面⑨に垂直な辺は何本ありますか。

┗ 面⑨と辺イウのように交わっているとき，
面⑨と辺イウは垂直。

◯本

⑥ 面⑨に平行な辺は何本ありますか。

┗ 面⑨と平行な辺は，辺アイ，辺オカ，辺アオ，辺イカ。

◯本

88 直方体と立方体
直方体と立方体③

▶▶▶ 答えはべっさつ15ページ

点数

①〜④1問15点　⑤・⑥1問20点

点

下の直方体について，次の問いに答えましょう。

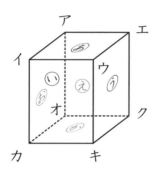

①面⑧に垂直な面はいくつありますか。

つ

②面⑧に平行な面はどれですか。

面

③辺アエに垂直な辺はどれですか。すべて答えましょう。

④辺アエに平行な辺はどれですか。すべて答えましょう。

⑤面◯に垂直な辺はどれですか。すべて答えましょう。

⑥面◯に平行な辺はどれですか。すべて答えましょう。

▶▶▶ 答えはべっさつ 16 ページ

点数

1 問 50 点

点

下の直方体や立方体の見取図をかきましょう。

①

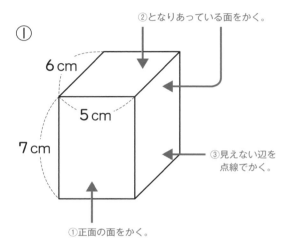

②となりあっている面をかく。

6 cm

5 cm

7 cm

③見えない辺を
点線でかく。

①正面の面をかく。

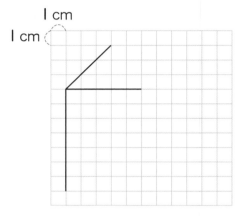

1 cm

1 cm

②

②となりあっている面をかく。

4 cm

4 cm

4 cm

③見えない辺を
点線でかく。

①正面の面をかく。

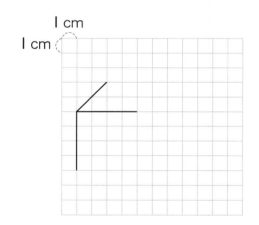

1 cm

1 cm

!覚えよう!

● 直方体や立方体などの，全体の形がわかるようにかいた図を，

　　　　　　　　 といいます。

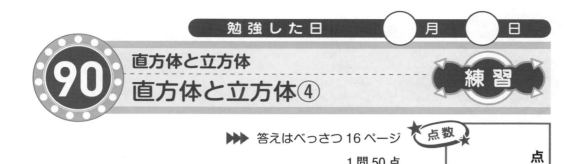

90　直方体と立方体
直方体と立方体④　　　練習

▶▶▶ 答えはべっさつ 16 ページ　点数

1 問 50 点　　　　　点

下の直方体や立方体の見取図をかきましょう。

①

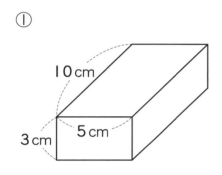

10 cm
3 cm　5 cm

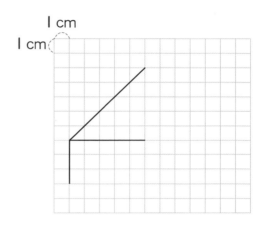

1 cm
1 cm

②

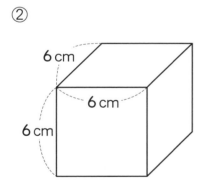

6 cm
6 cm
6 cm

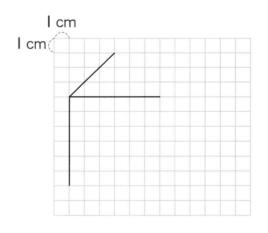

1 cm
1 cm

91 直方体と立方体
位置の表し方

▶▶▶ 答えはべっさつ 16 ページ

1 問 25 点

1 点アをもとにして，次の問いに答えましょう。

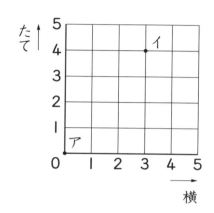

① 点イの位置を表しましょう。

　↰ 点アから横にいくつ，たてにいくつ動いているかを
　　調べる。

（横 ▢ ，たて ▢ ）

② 点ウ（横 2，たて 3）を，左の
図にかき入れましょう。

　↰ 点アから横に 2，たてに 3 動いた点。

2 点アをもとにして，次の点の位置を表しましょう。

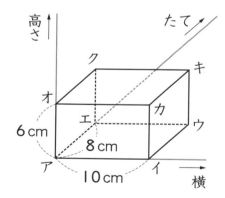

① 点ウの位置 ← 高さは変わっていない。

（横 ▢ cm，たて ▢ cm，高さ ▢ cm）

② 点キの位置 ← 横に何 cm，たてに何 cm，高さが何 cm 動いた点かを調べる。

（横 ▢ cm，たて ▢ cm，高さ ▢ cm）

92 直方体と立方体
位置の表し方

 練 習

▶▶▶ 答えはべっさつ 16 ページ

★点数★

1問 25 点

点

1 点アをもとにして，次の問いに答えましょう。

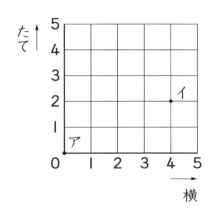

①点イの位置を表しましょう。

$\left(横\ \boxed{}\ ,\ たて\ \boxed{}\ \right)$

②点ウ(横 l，たて 5)を，左の図にかき入れましょう。

2 点アをもとにして，次の点の位置を表しましょう。

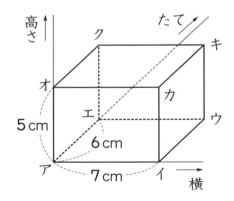

①点エの位置

$\left(横\ \boxed{}\ cm,\ たて\ \boxed{}\ cm,\ 高さ\ \boxed{}\ cm\right)$

②点キの位置

$\left(横\ \boxed{}\ cm,\ たて\ \boxed{}\ cm,\ 高さ\ \boxed{}\ cm\right)$

95

93 直方体と立方体のまとめ
ぬいぐるみのプレゼント

▶▶▶ 答えはべっさつ16ページ

動物のぬいぐるみをプレゼントするために、箱を作るよ。
箱になるものをえらんで、文字をならべかえよう。
何のぬいぐるみをプレゼントするのかな。

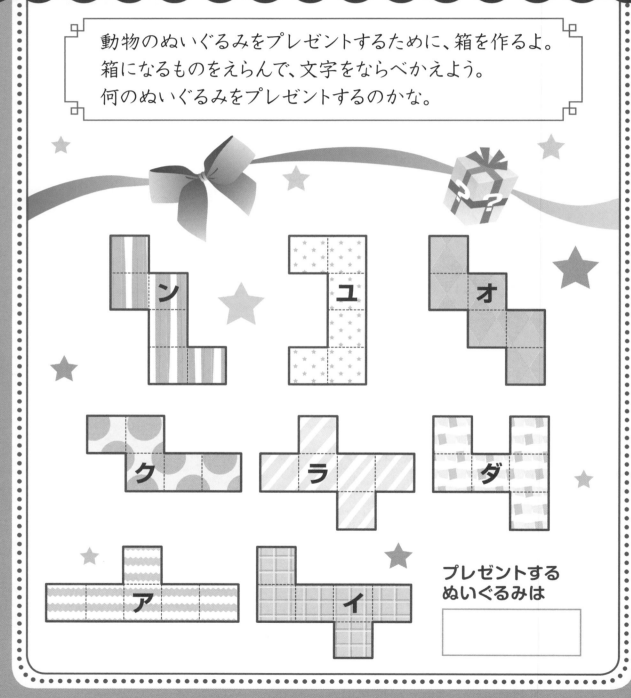

プレゼントする
ぬいぐるみは

答えとおうちのかた手引き

 1 大きい数
億，兆①
▶▶▶ 本さつ 4 ページ

1 ①二兆四千五百八十億五千万
　②四十兆三千五億八千万

2 ①3700000000　②562000000000000
　③9000010000000

ポイント
大きな数を読んだり書いたりするときは，右から
4けたごとに区切るとわかりやすくなります。

 2 大きい数
億，兆①
▶▶▶ 本さつ 5 ページ

1 ①二百六十一億五千八百万
　②五千四十億七千万　③ 三十二兆六千七十億

2 ①8200000000　②502308000000
　③403000000000000
　④605000090000000

 3 大きい数
億，兆②
▶▶▶ 本さつ 6 ページ

1 ①4200000000　②7050000000000
　③8300000000

2 ①2，18　②35

ポイント
それぞれの位の数字は，その位に数がいくつある
かを表します。一億の位が「3」なら，「一億が
3つある」という意味です。一億が10こになる
と，左の十億の位へ上がるというしくみです。

 4 大きい数
億，兆②
▶▶▶ 本さつ 7 ページ

1 ①6800000000　②9200700000000
　③17300000000
　④25000000000000

2 ①22，941　②59

 5 大きい数
億，兆③
▶▶▶ 本さつ 8 ページ

1 ①540億　②3億　③7兆8000億

2 ①2億　②5000億

ポイント
数を10倍すると，各位の数字の位が1つずつ上
がります。また，$\frac{1}{10}$ にすると，各位の数字の位
が1つずつ下がります。

 6 大きい数
億，兆③
▶▶▶ 本さつ 9 ページ

①90億　②810億　③7兆
④5億6000万　⑤16億　⑥3兆
⑦4000万　⑧6億7000万

 7 角の大きさ
角の大きさ①
▶▶▶ 本さつ10ページ

①40　②145　③230　④330

覚えよう 90，ア，アウ

1

8 角の大きさ
角の大きさ①　練習

▶▶▶ 本さつ11ページ

①45　②60　③115　④120

⑤235　⑥325

9 角の大きさ
角の大きさ②　りかい

▶▶▶ 本さつ12ページ

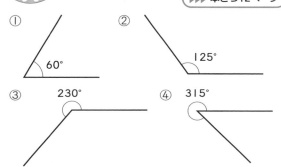

① 60°　② 125°

③ 230°　④ 315°

10 角の大きさ
角の大きさ②　練習

▶▶▶ 本さつ13ページ

①

75°

② 43°

③ 150°

④ 118°

⑤ 195°

⑥ 332°

11 角の大きさ
角の大きさ③　りかい

▶▶▶ 本さつ14ページ

①

55°　70°
―4cm―

②

120°　35°
―3cm―

③

60°　60°
―5cm―

④

50°　50°
―5cm―

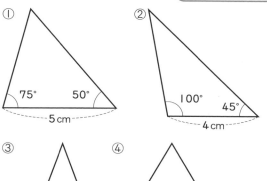

① 75° 50° 5cm

② 100° 45° 4cm

③ 70° 70° 3cm

④ 60° 60° 4cm

① 150 ② 105 ③ 60 ④ 45

覚えよう　あ90，い60，う30，
え45，お45，か90

ポイント

1組の三角じょうぎの角の大きさは，30°，60°，90°と45°，45°，90°ときまっています。どの大きさの角を使っているかをよくたしかめましょう。

① 75 ② 135 ③ 105 ④ 30
⑤ 15 ⑥ 15

1 ⑦，エ

2 ①

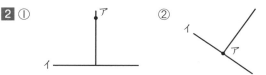

覚えよう　垂直（すいちょく）

ポイント

2本の直線が直角に交われば，「垂直」です。垂直を調べるときは，必ず分度器や三角じょうぎの直角の角を使ってたしかめるようにしましょう。

1 ⑦，⑦

2 イ, オ

3 ①

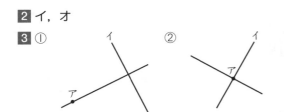

②

18 垂直と平行
平行①
りかい
▶▶▶ 本さつ21ページ

1 ⑦, ⑦

2 ①

②

覚えよう 平行

ポイント
平行な直線は，いくらのばしても決して交わりません。かいてある部分が交わっていなくても，長くのばすと交わるような2本の直線は，平行とはいえません。平行かどうかを調べるときは，三角じょうぎを使いましょう。

19 垂直と平行
平行①
練習
▶▶▶ 本さつ22ページ

1 アとウ，オとキ，カとク

2 辺アイと辺エウ，辺アエと辺イウ

3 ①

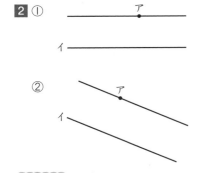

②

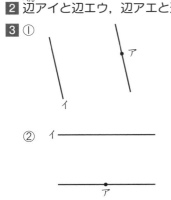

20 垂直と平行
平行②
りかい
▶▶▶ 本さつ23ページ

①90 　②え，き，け　　③き110　〈70

覚えよう 等しい（同じ），え

ポイント
平行な直線に交わるように直線をかくと，その直線は平行な直線と等しい角度で交わります。どの角とどの角が同じ大きさになるか，しるしをつけるとわかりやすくなります。

21 垂直と平行
平行②
練習
▶▶▶ 本さつ24ページ

1 あ40　い140

2 ①い，お，か　②え80　〈75　け105

22 垂直と平行のまとめ
ゴールはどこ
▶▶▶ 本さつ25ページ

23 四角形
台形
 りかい

▶▶▶ 本さつ26ページ

1 ㋐, ㋔

2
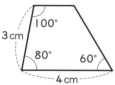
100°
3cm
80° 60°
4cm

覚えよう 台形

 **24** 四角形
台形
練習

▶▶▶ 本さつ27ページ

1 ㋑, ㋒

2 ①
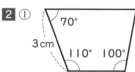
70°
3cm
110° 100°
2.5cm

②
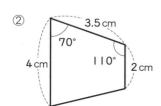
3.5cm
70°
4cm 110° 2cm

 25 四角形
平行四辺形①
 りかい

▶▶▶ 本さつ28ページ

1 ㋑, ㋒

2 ① 辺イウ…9 辺ウエ…8

② ㋐105 ㋑75

覚えよう 辺, 角

 26 四角形
平行四辺形①
練習

▶▶▶ 本さつ29ページ

1 ㋐, ㋔

2 ① エウ　② アエ　③㋒

④㋒70　㋓110

 27 四角形
平行四辺形②
りかい

▶▶▶ 本さつ30ページ

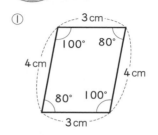
① 3cm
100° 80°
4cm 4cm
80° 100°
3cm

② 5cm 45° 4cm
135°
4cm 45° 135°
5cm

 28 四角形
平行四辺形②
練習

▶▶▶ 本さつ31ページ

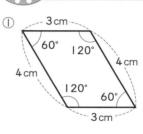
① 3cm
60° 120°
4cm 4cm
120° 60°
3cm

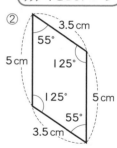
② 3.5cm
55°
5cm 125°
125°
55° 5cm
3.5cm

29 四角形
ひし形①
りかい

▶▶▶ 本さつ32ページ

1 ㋐, ㋑

2 ① 辺アイ…6　辺イウ…6

　　② ㋐60　㋑120

覚えよう ひし形，平行

ポイント

> ひし形は，4つの辺の長さがみんな等しい四角形です。ひし形の向かいあう2組の辺は平行です。また，向かいあう角の大きさは，それぞれ等しくなっています。

 30 四角形
ひし形①
練習

▶▶▶ 本さつ33ページ

1 ㋑, ㋓

2 ① イウ　② 3　③ ㋐130　㋑50

 31 四角形
ひし形②
りかい

▶▶▶ 本さつ34ページ

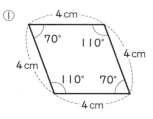

ポイント

> 長さの等しい辺をかくときは，コンパスを使うようにしましょう。

 32 四角形
ひし形②
練習

▶▶▶ 本さつ35ページ

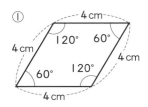

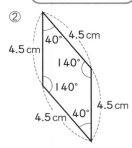

ポイント

> ひし形をコンパスを使わないでかくときは，じょうぎと分度器を使って，平行四辺形と同じかき方をします。

 **33** 四角形
対角線
りかい

▶▶▶ 本さつ36ページ

1 ① ㋑, ㋒, ㋓　② ㋒　③ ㋓

2

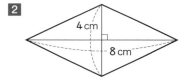

ポイント

> 正方形，長方形，台形，平行四辺形，ひし形をかいて，その対角線をひき，それぞれの特ちょうをたしかめておきましょう。正方形とひし形の対角線は，それぞれのまん中で垂直に交わります。

34 四角形
対角線
練習

▶▶▶ 本さつ37ページ

1 ① ㋐, ㋑　② ㋐, ㋒

2 ①

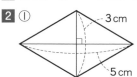

②

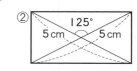

35 四角形のまとめ
プレゼントはどっち

▶▶▶ 本さつ38ページ

プレゼントが入っているのは **赤** い箱

36 折れ線グラフ
折れ線グラフ①

りかい

▶▶▶ 本さつ39ページ

①17　②午後2　③午前8, 午前10

ポイント

変わり方のようすを表すときは, 折れ線グラフにするとわかりやすくなります。グラフの線のかたむき方で, どのように変わったかがわかります。かたむきが急になるほど, 変わり方が大きいということです。

37 折れ線グラフ
折れ線グラフ①

練習

▶▶▶ 本さつ40ページ

①15　②午前10, 午後4

③午後4, 午後6

38 折れ線グラフ
折れ線グラフ②

りかい

▶▶▶ 本さつ41ページ

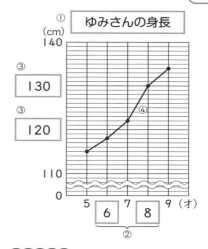

①ゆみさんの身長
（cm）
③130
③120

②5 6 7 8 9（オ）

ポイント

折れ線グラフに表すときは, 横のじく, たてのじくをどちらにするかを考え, たてのじくのめもりの大きさもたしかめることが大切です。点をむすぶときは, 必ずじょうぎを使って直線でむすびましょう。

39 折れ線グラフ
折れ線グラフ②

練習

▶▶▶ 本さつ42ページ

 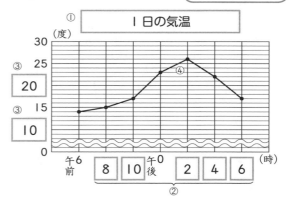

①1日の気温
（度）
③20
③10

②午前6 8 10 午後0 2 4 6（時）

小数
小数の表し方 （りかい）
▶▶▶ 本さつ43ページ

1 ① 1.11　② 0.37

2 ① 1.324　② 0.528　③ 2.619

ポイント

0.1 を 10 等分すると 0.01，0.01 を 10 等分すると 0.001，というように $\frac{1}{10}$ にすると小数点より右のけた数が 1 つずつふえます。

 小数
小数の表し方 （練習）
▶▶▶ 本さつ44ページ

1 ① 2.14　② 0.58

2 ① 3.397　② 0.405　③ 1.083

　　④ 0.726

 小数
小数のしくみ① （りかい）
▶▶▶ 本さつ45ページ

① 1.324　② 8.063　③ 4，7，2，5

④ 2315　⑤ 3.264

ポイント

小数も整数と同じように，それぞれの位の数字は，位の表す数がいくつあるかを表します。
1 は 0.1 を 10 こ，0.1 は 0.01 を 10 こ，0.01 は 0.001 を 10 こ集めた数なので，1 は 0.001 を 1000 こ，0.1 は 0.001 を 100 こ集めた数になります。

 小数
小数のしくみ① （練習）
▶▶▶ 本さつ46ページ

① 3.728　② 6.504　③ 3，1，7，9

④ 4241　⑤ 2070　⑥ 6.782

⑦ 3.45

 小数
小数のしくみ② （りかい）
▶▶▶ 本さつ47ページ

① 12.3　② 965　③ 68.2　④ 4.87

⑤ 0.738

（覚えよう）　1，2，1，2

ポイント

小数も整数と同じように，各位の数字は，10 倍するごとに位が 1 つずつ上がります。また，$\frac{1}{10}$ にするごとに位が 1 つずつ下がります。

 小数
小数のしくみ② （練習）
▶▶▶ 本さつ48ページ

① 39.5　② 2.7　③ 246　④ 40

⑤ 4.29　⑥ 0.603　⑦ 0.517

⑧ 0.32

小数のまとめ
ごう君をさがせ
▶▶▶ 本さつ49ページ

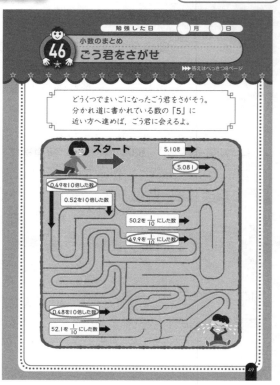

47 整理のしかた
整理のしかた①

▶▶▶ 本さつ50ページ

① あ8 い3 う4 え4 お2 か7 き5
く24 ②4 ③ハンカチ

▶▶▶ 本さつ50ページ

ポイント

2つのことがらについて調べる場合の整理のしか
たの学習です。表の1つ1つのらんは，たてと
横の2つのことがらが組み合わさったものです。
たとえば一番左上の5は，「教室でえんぴつを落
とした人が5人いる」ということを表しています。

 48 整理のしかた
整理のしかた①

▶▶▶ 本さつ51ページ

① あ6 い3 う9 え1 お7 か3 き14
く27 ②3 ③校庭 ④校庭，すりきず

 49 整理のしかた
整理のしかた②

▶▶▶ 本さつ52ページ

① あ13 い10 う15 え8 お23 ②5
③15

ポイント

表の左上の8は「肉がすきで，魚がすき（肉も魚
もすき）な人が8人いる」こと，8の下の7は「肉
がすきで，魚がきらいな人が7人いる」ことを
表しています。

 50 整理のしかた
整理のしかた②

▶▶▶ 本さつ53ページ

① あ11 い5 う19 え28 ②4
③19 ④28

 51 面積
面積の表し方

▶▶▶ 本さつ54ページ

①20000 ②5 ③7 ④4000000
⑤300 ⑥61

（覚えよう） 10000, 10, 100, 1000000

ポイント

大きい面積の単位には，m²やkm²のほかに，a
とhaがあります。面積の小さい順にならべると，
1m², 1a, 1ha, 1km²となります。m², a,
ha, km²のそれぞれの単位の関係を理解すること
が大切です。

 52 面積
面積の表し方
▶▶▶ 本さつ55ページ

①80000 ②12 ③300 ④28
⑤60000 ⑥54 ⑦7000000
⑧68 ⑨35 ⑩1800

 53 面積
長方形や正方形の面積①

▶▶▶ 本さつ56ページ

①（式） $5 \times 4 = 20$ 答え 20
②（式） $3 \times 3 = 9$ 答え 9
③（式） $5 \times 10 = 50$ 答え 50

（覚えよう） たて，横（横，たて），1辺，1辺

ポイント

長方形や正方形の面積を求める公式はとても大切
です。必ず覚えておきましょう。

 54 面積
長方形や正方形の面積①
▶▶▶ 本さつ57ページ

1 ①（式） $3 \times 9 = 27$ 答え 27
②（式） $12 \times 12 = 144$ 答え 144
2 ①（式） $60 \times 80 = 4800$ $4800 m² = 48 a$
答え 48
②（式） $400 \times 400 = 160000$
$160000 m² = 16 ha$ 答え 16
③（式） $15 \times 15 = 225$ 答え 225

55 面積
長方形や正方形の面積②　 りかい

▶▶▶ 本さつ58ページ

1 ① (式)　4×6+6×14=108　　答え　108

　　② (式)　10×14−4×8=108　　答え　108

2 (式)　15×20−8×8=236　　答え　236

ポイント

長方形や正方形を組み合わせた，ふくざつな図形の面積の求め方はいろいろあります。いくつかの長方形や正方形に分ける方法，大きな図形の面積から欠けている部分の面積をひく方法，などです。

ここが ニガテ

図形をいくつかの長方形や正方形に分けて面積を求める場合は特に，どの部分の面積を求めているのかたしかめながら計算して，最後にたすのをわすれないようにしましょう。

 56 面積
長方形や正方形の面積②　 練習

▶▶▶ 本さつ59ページ

① (式)　8×15+7×10=190　　答え　190

② (式)　6×9−2×4=46　　答え　46

③ (式)　22×35−12×25=470　　答え　470

 57 メートル法
面積の単位　 りかい

▶▶▶ 本さつ60ページ

1 ① 10000　② km²

覚えよう

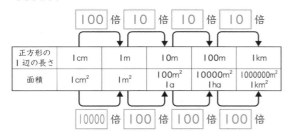

	100倍		10倍		10倍		10倍	
正方形の1辺の長さ	1cm	1m	10m	100m	1km
面積	1cm²	1m²	100m² 1a	10000m² 1ha	1000000m² 1km²

10000倍　100倍　100倍　100倍

ポイント

1m＝100cmより，1m²は，100×100＝10000(cm²)です。
1m²の1000000倍は，1000000m²です。
1000m＝1km，1000×1000＝1000000より，1m²の1000000倍は，1km²です。

 58 メートル法
面積の単位　 練習

▶▶▶ 本さつ61ページ

1 ① 100　② a

2 ㋐m²　㋑a　㋒100　㋓10000　㋔100

　㋕1000000

ポイント

面積の単位には，cm²，m²，km²，a，ha などがあります。それぞれの単位の関係を整理し，覚えておきましょう。

 59 分数
分数①　 りかい

▶▶▶ 本さつ62ページ

1 真分数…⑦，㋔　　仮分数…㋐，㋓
　帯分数…㋑，㋕

2 仮分数…$\frac{5}{4}$，帯分数…$1\frac{1}{4}$

覚えよう　真分数，仮分数，帯分数

ポイント

真分数と仮分数は，分子と分母の大きさで見分けます。分子が分母より小さければ真分数，分子と分母が同じか，分子が分母より大きければ仮分数です。整数と真分数の和で表されていれば帯分数です。

 60 分数
分数①　 練習

▶▶▶ 本さつ63ページ

1 真分数…㋐，㋓　　仮分数…㋒，㋕
　帯分数…㋑，㋔

2 ① 仮分数…$\frac{11}{6}$，帯分数…$1\frac{5}{6}$

　② 仮分数…$\frac{6}{5}$，帯分数…$1\frac{1}{5}$

 61 分数
分数②　りかい

▶▶▶ 本さつ64ページ

1 ① $1\frac{3}{4}$　　② 3

2 ① $\dfrac{10}{7}$　　② $\dfrac{7}{3}$

ポイント

仮分数を帯分数や整数になおすときは，分子を分母でわります。ちょうどわりきれれば整数，わりきれないときは帯分数になります。商が帯分数の整数部分で，あまりは真分数の分子になります。

1 ① $7 \div 4 = 1$ あまり 3

$$\dfrac{7}{4} = 1\dfrac{3}{4}$$

帯分数を仮分数になおすときは，仮分数の分子がいくつになるかを計算で求めます。分母に整数をかけた積に，真分数の分子をたします。

2 ① $7 \times 1 + 3 = 10$

$$1\dfrac{3}{7} = \dfrac{10}{7}$$

62 分数
分数②　　練習

▶▶▶ 本さつ65ページ

1 ① $1\dfrac{4}{7}$　　② $2\dfrac{1}{3}$　　③ $1\dfrac{6}{7}$　　④ $1\dfrac{7}{8}$

　　⑤ 4　　⑥ 3

2 ① $\dfrac{7}{4}$　　② $\dfrac{17}{8}$　　③ $\dfrac{11}{3}$　　④ $\dfrac{16}{9}$

63 分数
分数の大きさ①　　りかい

▶▶▶ 本さつ66ページ

1 ① ＞　　② ＜

2 ア…$\dfrac{2}{7}$　　イ…$\dfrac{10}{7}$，$1\dfrac{3}{7}$　　ウ…$\dfrac{18}{7}$，$2\dfrac{4}{7}$

ポイント

分母が同じ分数の大きさをくらべるときは，分数の形を仮分数か帯分数のどちらかにそろえます。

1 ① 帯分数にそろえると，$\dfrac{13}{8} = 1\dfrac{5}{8}$

$1\dfrac{5}{8} > 1\dfrac{3}{8}$ だから，$\dfrac{13}{8} > 1\dfrac{3}{8}$

仮分数にそろえると，$1\dfrac{3}{8} = \dfrac{11}{8}$

$\dfrac{13}{8} > \dfrac{11}{8}$ だから，$\dfrac{13}{8} > 1\dfrac{3}{8}$

数直線の分数を表すときは，はじめに必ず1を何等分しているかを見て，1めもりの分数の大きさをたしかめましょう。

64 分数
分数の大きさ①　　練習

▶▶▶ 本さつ67ページ

1 ① ＜　　② ＞　　③ ＞　　④ ＜

2 ア…$\dfrac{7}{8}$　　イ…$\dfrac{13}{8}$，$1\dfrac{5}{8}$　　ウ…$\dfrac{17}{8}$，$2\dfrac{1}{8}$

ポイント

分母が同じ分数の大きさを仮分数にそろえてくらべるときは，仮分数の分子を見ます。帯分数にそろえてくらべるときは，まず帯分数の整数部分を見て，整数部分が同じときはさらに真分数の分子を見ます。

1 ④ 仮分数にそろえると，$3\dfrac{3}{8} = \dfrac{27}{8}$

$\dfrac{27}{8} < \dfrac{28}{8}$ だから，$3\dfrac{3}{8} < \dfrac{28}{8}$

帯分数にそろえると，$\dfrac{28}{8} = 3\dfrac{4}{8}$

$3\dfrac{3}{8} < 3\dfrac{4}{8}$ だから，$3\dfrac{3}{8} < \dfrac{28}{8}$

65 分数
分数の大きさ②　　りかい

▶▶▶ 本さつ68ページ

① $\dfrac{2}{4}$，$\dfrac{3}{6}$　　② ＞

覚えよう　大きい

ポイント

分子が同じ分数の大きさをくらべるときは，分母を見ます。分母が大きくなるほど，分数は小さくなるので気をつけましょう。このことは，数直線を見てもわかります。分子が1，2，3，4の分数がどのようにならんでいるか，数直線を見てたしかめておきましょう。

66 分数
分数の大きさ②　　練習

▶▶▶ 本さつ69ページ

① $\dfrac{2}{6}$　　② $\dfrac{6}{8}$　　③ $\dfrac{2}{3}$　　④ $\dfrac{2}{3}$，$\dfrac{2}{4}$，$\dfrac{2}{6}$，$\dfrac{2}{8}$

67 分数のまとめ
わたしのおにぎりが…

▶▶▶ 本さつ70ページ

②もえた長さ，残りの長さ，15

③□＋○＝15

④（式）　11＋○＝15

　　　　　　○＝15－11

　　　　　　○＝4　　答え　4

⑤（式）　□＋5＝15

　　　　　　□＝15－5

　　　　　　□＝10　　答え　10

70 変わり方
変わり方②

▶▶▶ 本さつ73ページ

①1kg ずつふえていく。　　②1.5

③□＋1.5＝○

④（式）　4.5＋1.5＝6　　答え　6

ポイント

□や○を使った式を考えるのがむずかしいときは，まず，ことばの式に表してみましょう。ことばの式に表すことができれば，数量を表すことばをそれぞれ□，○に置きかえて，□や○を使った式になおすことができます。

68 変わり方
変わり方①

▶▶▶ 本さつ71ページ

①8，7，6，5，4　　②横の長さ，10

③□＋○＝10

④（式）　8＋○＝10

　　　　　　○＝10－8

　　　　　　○＝2　　答え　2

ポイント

2つの量がどのように変わるか，その変わり方を調べるには，表に整理するとわかりやすくなります。表が書けたら，表をたてに見たり横に見たりして，2つの量にどのような関係があるかいろいろ調べてみましょう。

71 変わり方
変わり方②

▶▶▶ 本さつ74ページ

①15　　②□＋15＝○

③（式）　10＋15＝25　　答え　25

④（式）　□＋15＝30

　　　　　　□＝30－15

　　　　　　□＝15　　答え　15

⑤（式）　0＋15＝15　　答え　15

72 変わり方
変わり方③

▶▶▶ 本さつ75ページ

①8，12，16，20，24

②4cm² ずつふえる。　　③4　　④4×□＝○

⑤（式）　4×9＝36　　答え　36

69 変わり方
変わり方①

▶▶▶ 本さつ72ページ

①14，13，12，11，10，9

73 変わり方 変わり方③ 練習

▶▶▶ 本さつ76ページ

① 12, 15, 18
② 3cm ずつふえる。　③3
④ 3×□＝○
⑤ （式）3×11＝33　　答え　33
⑥ （式）3×□＝42
　　　　　□＝42÷3
　　　　　□＝14　　答え　14

77 がい数 がい数の表し方② 練習

▶▶▶ 本さつ80ページ

1 ① 475, 484　　② 475, 485
2 ① 6500, 7499　② 6500, 7500

74 がい数 がい数の表し方① りかい

▶▶▶ 本さつ77ページ

1 ① 1000　　② 3000
2 ① 32000　　② 1400

覚えよう 四捨五入

78 がい数 計算の見積もり りかい

▶▶▶ 本さつ81ページ

1 ① 800　　② 500
2 ① 150000　② 20

79 がい数 計算の見積もり 練習

▶▶▶ 本さつ82ページ

1 ① 800　　② 300　　③ 61000
2 ① 160000　② 18000000　③ 200

75 がい数 がい数の表し方① 練習

▶▶▶ 本さつ78ページ

1 ① 2300　　② 4800　　③ 53000
　④ 89000　⑤ 70000　⑥ 20000
2 ① 6800　　② 31000

80 かん単なわり合 かん単なわり合 りかい

▶▶▶ 本さつ83ページ

① （式）60÷30＝2　　　　　答え　2
② （式）80÷20＝4　　　　　答え　4
③ B

覚えよう くらべられる量，もとにする量

76 がい数 がい数の表し方② りかい

▶▶▶ 本さつ79ページ

① 2450, 2549　② 2450, 2550
覚えよう 以上，以下，未満

81 かん単なわり合
かん単なわり合

▶▶▶ 本さつ84ページ

① （式）　100÷25＝4　　　　　　　　答え　4
② （式）　105÷35＝3　　　　　　　　答え　3
③A

ポイント

③ね上げ後のねだんは，みかんAは4倍，みかんBは3倍になっているので，みかんAのほうが，みかんBより多くね上がりしたといえます。

82 がい数のまとめ
ガイスウめいろ

▶▶▶ 本さつ85ページ

---

83 直方体と立方体
直方体と立方体①

▶▶▶ 本さつ86ページ

① 正方形
②

	面の数	辺の数	頂点の数
直方体	6	12	8
立方体	6	12	8

覚えよう 　直方体，立方体

ポイント

直方体と立方体を見くらべて，にているところやちがっているところを整理しておくとよいでしょう。立方体は正方形だけでできているので，面の形や大きさ，辺の長さがすべて同じです。

84 直方体と立方体
直方体と立方体①

▶▶▶ 本さつ87ページ

① ⑦長方形　⑦正方形
② ⑦直方体　⑦立方体　　　③2，3
④4，3　　　⑤6　　　⑥12

ポイント

直方体の向かいあった面は形も大きさも同じになっています。立方体は正方形だけで囲まれた形なので，6つの面はぜんぶ形も大きさも同じになっています。

85 直方体と立方体
直方体と立方体②

▶▶▶ 本さつ88ページ

①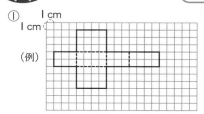

（例）

14

②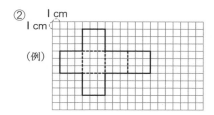

ポイント

てん開図は，となりあった面の形と向きを考えながらかくことが大切です。
下のようなてん開図でも正解です。

①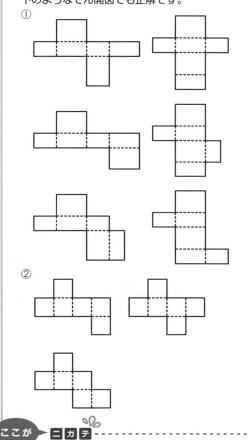

②

ここが ⊐ガテ

てん開図の面が多かったり，少なかったり，組み立てると面が重なってしまったりするまちがいに注意しましょう。

---

86 直方体と立方体
直方体と立方体② 練習

▶▶▶ 本さつ89ページ

①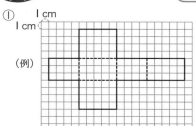

②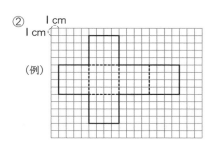

---

87 直方体と立方体
直方体と立方体③ りかい

▶▶▶ 本さつ90ページ

①4　②お　③4　④3　⑤4

⑥4

ポイント

直方体の向かいあった面は平行で，となりあった面は垂直になっています。また，面と交わっている辺はその面と垂直になっています。

---

88 直方体と立方体
直方体と立方体③ 練習

▶▶▶ 本さつ91ページ

①4　②か

③辺アイ，辺アオ，辺エウ，辺エク

④辺イウ，辺カキ，辺オク

⑤辺アイ，辺エウ，辺オカ，辺クキ

⑥辺アエ，辺エク，辺アオ，辺オク

89 直方体と立方体
直方体と立方体④

▶▶▶ 本さつ92ページ

　りかい

①
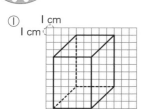

②
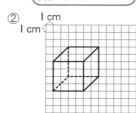

覚えよう 見取図

ポイント

向かいあう辺どうしは平行なので，ななめの線も
平行にかくことが大切です。

---

90 直方体と立方体
直方体と立方体④

練習

▶▶▶ 本さつ93ページ

①
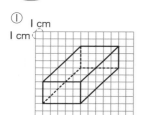

②
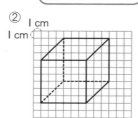

---

91 直方体と立方体
位置の表し方

　りかい

▶▶▶ 本さつ94ページ

1　① 3，4　②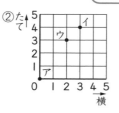

2　① 10，8，0　② 10，8，6

ポイント

平面上の点の位置は，横とたての長さの組み合わ
せで決まります。

空間にある点の位置を表す考え方がわかりにくい
ときは，まず，横とたての平面上の位置から考え
ます。平面上の位置がわかったら，その位置から
上へ垂直に高さをたどれば，空間にある点の位置
が決まります。

---

92 直方体と立方体
位置の表し方

練習

▶▶▶ 本さつ95ページ

1　① 4，2　②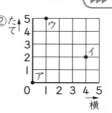

2　① 0，6，0　② 7，6，5

---

93 直方体と立方体のまとめ
ぬいぐるみのプレゼント

▶▶▶ 本さつ96ページ

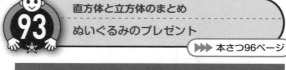